趁父母活着，你要抓紧去做的99件事

Fumuzaishishi Yaozuodejiushijiujianshi

暖暖◎著

江西人民出版社

图书在版编目 (CIP) 数据

趁父母活着，你要抓紧去做的 99 件事 / 暖暖著 .
— 南昌 : 江西人民出版社 , 2011.12

ISBN 978-7-210-05002-5

Ⅰ . ①趁… Ⅱ . ①暖… Ⅲ . ①孝 – 中国 – 通俗读物
Ⅳ . ① B823.1-49

中国版本图书馆 CIP 数据核字 (2011) 第 231399 号

趁父母活着，你要抓紧去做的 99 件事

暖暖 / 著
责任编辑 / 王华
出版发行 / 江西人民出版社
印刷 / 北京嘉业印刷厂
版次 / 2012 年 2 月第 1 版
2012 年 2 月第 1 次印刷
规格 /880 毫米 ×1230 毫米　1/32　7.75 印张
字数 / 152 千字
书号 /ISBN 978-7-210-05002-5
定价 / 25. 80 元
赣版权登字 —01—2011—298

前言

小时候，他对父母说，“我要好吃的东西！”父母笑着说，“好，多吃点别饿着。”她对父母说，“我要漂亮的衣服！”父母笑着说，“好，多穿点别冻着。”长大后，他对父母说，“我要结婚买房子！”父母笑着说，“好，我们把老房子卖了，给你交首付。”她对父母说，“我工作太忙，没人带孩子。”父母说，“好，我们帮你照顾孩子。”多少年后，他们跪在父母的坟前，声泪俱下，“我要你们！”可这一次，世界没有任何的回声。人世间最令人痛心不已的便是：拥有时未曾珍惜，失去后悔不当初。

这是网络上近来流传很广的一个小故事，虽然透着点悲凉，却仍然不失为至爱亲情的真实写照。

当我们咿呀学语、蹒跚学步时，父母是我们最热心的老师；当我们青春无敌、张扬叛逆时，父母是我们最贴心的知己；当我们只身求学、闯荡天下时，父母是我们最坚强的后盾；当我们遭受挫折、心灰意冷时，父母是我们最温暖的港湾。而当我们成家立业、回首往事时，却发现父母已经鬓发苍苍。他们也曾风华正茂、事业有成，他们也曾满怀希望、眺望未来……但最后，他们还是甘愿把青春和梦想都无私地献给了我们。

我们也习惯于这种收获与索取。我们习惯了依赖他们的培养、帮助与扶持；习惯了他们的呵护、关怀与照料。是习惯让我们依恋于父母的恩宠，但也是习惯让我们常常忽视他们的“重要”。遇到难题时，跑到父母面前抱怨一顿；春风得意时，跑到父母面前炫耀一番，甚至累了、倦了，还可以肆无忌惮地在父母面前发脾气。因为你知道，他们总是在那里的，迁就你、包容你、等着你、守望着你。

然而，岁月是一指流沙，苍老是一段年华。没有永不消逝的青春，也便没有永不年迈的双亲。

也许某一天，当你醒来时，猛然发现他们已经弯腰、驼背、步履艰难，变得没有原来那样思路清晰、行动敏捷了，他们甚至连说起话来也会颠三倒四，常常把昨天的事记成今天的，又把去年的事说成今年的。这个时候，也许你会害怕，害怕自己获得成功的速度已经赶不上父母衰老的速度，害怕自己有一天功成名就，却变成了那个坟前痛哭的孩子。那时的你，一定会非常渴望，能用全部五光十色的生活，来换取一段陪在父母身边的平淡岁月。

所以，如果你的父母现在身体尚好，他们的生活还算顺心，那么你真该冲着天空大喊一声：我真的很幸福！如果你的父母身体欠佳或生活不顺，那么你也应该尽量说服自己，多腾出点时间来陪他们聊聊天、散散心，好好照顾他们的生活。

趁现在，趁当下，趁父母也还有时间和精力享受天伦之乐时，多做点让他们快乐的小事儿吧，就像当年你小的时候，他们爱你一样。那些旅行时父亲替我们扛起的背包，那双母亲替我们挑灯织好的手套……那些父母爱你的小事儿，是否依然留在你记忆的深处，依然楚楚动人呢？

现在，我们长大了，我们该接过他们手里“爱的接力棒”了。陪他们走一走他们曾经想去的地方，为他们做一顿丰盛的晚餐，哪怕只是端来一盆洗脚水，或者进门的时候给他们一个热烈而坚定的拥抱。

如果你还不知道该如何去表达自己对父母的爱，那么就好好读读这本书吧，用心地学习里面的小事儿，将自己的爱真诚地回馈给父母。书里的99件小事虽然都是简单的举手之劳，却足以温暖父母的心。趁他们健在，好好去爱吧！

目录
CONTENTS

第一章 | 呵护备至：爸爸妈妈也需要被疼爱

第二章 光影流动：泛黄照片的点滴回忆

第三章 味蕾记忆：残留在舌头上的味道

第四章 | 悔不当初：那些需要我们认错的事件

第五章 | 收获健康：父母的健康是对我们最大的保险

第六章 友情万岁：假使有天我们有幸成为父母的挚友

第七章 温暖犹存：感动全家的幸福瞬间

第八章 | 思念成灰：不要狠心剪断父母手中的风筝线

第九章 | 关怀依旧：给父母带去那份逐渐逝去的安全感

第一章
呵护备至：
爸爸妈妈也需要被疼爱

第1件事：带上父母去任何他们想去的地方

这天晚饭过后，孩子从书房的抽屉里翻出了一本护照，并拿到我面前，用稚嫩的声音问道：“爸爸，这是什么呀，上面怎么还贴着爷爷的照片呢？”接过孩子手中的东西，我的眼泪潸然划过脸颊。

这是一本父亲所留下来的护照，护照办的是五年期限的，如今还剩下整整三年的有效期限。护照还在，可父亲却不在了。他永远地离开了我们。

父亲曾是一名银行职员，退休后也没能闲着，一个星期差不多有一半的时间都会在当地的市政府做一些审计工作。对于一辈子在银行工作的父亲来说，这些工作内容虽早已驾轻就熟，但毕竟年事已高，在做的过程当中还是颇感劳累。但父亲很少在我们面前有半句怨言，总是一个人默默地承受着作为一个男人应尽的责任，对家庭，对工作，乃至于对社会。长大独立后的我，每次看见父亲苍老的背影，还是不免有些心疼。

那年，因我设计的作品在市里面得了大奖，单位奖励了我一笔钱。拿着这样一笔财富回家后，我激动万分地对父亲说："爸！我们来一次旅行吧！就我们一家人，您看怎么样？"没想到一向节俭惯了的父母，此次居然欣然接受了我的提议。听母亲说，父亲年轻的时候，一直都想去俄罗斯看看，但工作太忙，又要照顾奶奶，还要关心我学习、生活上面的事情，所以一直没能够去。

父亲喜欢俄罗斯的事情我从小也是知道的，他是深受俄罗斯文化影响的"俄文的一代"。苏联歌曲，苏联电影，连同那片白桦林以及俄罗斯广袤的大地都是父亲心中所向往的。对于俄罗斯的民族文化，我相信他们那一代人都有着浓厚的个人情结在里面吧！跟母亲稍作商量，我们决定把这次家庭旅行的目的地就定在俄罗斯。两位老人不久就到当地的出入境大厅办理了护照。而我则在网上不停搜索去俄罗斯旅行的具体行程安排。然而，令我们所有人都没有料到的是，一向硬朗的父亲却在这个时候病倒了。刚开始医生检查说是肺气肿，不久，又被确诊为肺癌。对全家而言，这犹如一个晴天霹雳。原本好好的一家人，原本计划好了的美妙旅程，因这突如其来的一场灾难给毁了。

躺在病床上的父亲日益衰弱，身上的肌肉开始萎缩，饱满的双颊也开始下陷，连同肤色也变得暗淡枯黄。母亲日夜守在父亲的病床前，哭红了双眼。我总劝她回家休息，由我在医院负责陪床。母亲总是执意要留守在父亲身边，直到父亲生命的最后一刻。父亲最终还是没能战胜病魔，而那本 5 年有效期的护照就这样尘封在了书房的抽屉中。

30岁 银行经理

一事一悟

在父母年少时期，他们也是用激情与热血抛洒着青春的一代。在他们的内心深处，一定也会对某个地方怀着难以磨灭的向往之情。趁父母身体还硬朗，趁父母还有时间，带上父母，去任何他们想去的地方。

第2件事：问问他们爱吃什么

母亲40岁的时候才将我生下。所以，我的到来，为整个家庭增添了难以言说的喜悦与欢快。也正因我来得不易，父母从小对我可谓呵护备至，小到每天的日常生活起居，大到做人做事的道理，统统都要过问。

早晨，母亲总是变着花样地为我准备营养丰富的早餐。寒来暑往，从不间断。不管她再忙再累，在我睁开眼睛的那一瞬间，总能闻到食物所散发出来的自然清香。或者，也正因如此，小时候的我从不赖床，更让老师满意的是，上课从不迟到。

母亲爱我，但这种爱对于儿时的我来说并不能很好地体会。当我正处于青春叛逆期时，母亲对我交友方面的管教十分严格。

那个时候我因为个子高，所以不得不坐在教室的最后几排。后来便慢慢地跟班上几个成绩不怎么优秀的同学成了朋友。放学后，我不再像以前一样按时回家，而是跟着他们四处“鬼混”。

说是“鬼混”，但在那个年代无非就是压压马路，沿着大街小巷四处晃晃，晃到差不多了就往家赶。总的来说，没干什么坏事，或许只是想标榜自己与众不同，又或者只是希望向从前的自己说再见。简而言之，其实就是晚回家。

从小对我的一切都要掌控的妈妈哪受得了我这般状态。没多久就找到了班主任那里，在同班主任的合作之下，将我顺利调到了第一排，旁边坐的是全年级第一。不仅如此，更是每天放学在校门口守候，一见我出校门，就跟逮到小鸡一样地将我往家赶。

那时的我真是烦透了母亲。常常几天都不愿同她讲一句话。她做的饭菜，我也总是匆匆刨上几口就扔下筷子，进自己的房门，然后再将门反锁。即使如此，母亲每天还是乐此不疲地敲着房门，细声地问：“乖儿子，晚上想吃些什么啊？”而我，要么装作没听见，干脆不答；要么极度冷漠地回一句：“随便。”

想想那些与母亲对抗的青春岁月，真是又好笑又可恶。如今，母亲已是八旬老太太了。好在身体一切都还好，跟小院子里的大妈大爷关系都处得不错。时不时一群老人还组织郊游活动，母亲总是里面的积极分子。只是，人上了岁数，忘性就大了。但唯独对我爱吃的东西记得一清二楚，每次买菜都记得那些我从小爱吃的蔬菜、水果。

前几天，母亲在买菜的时候，不小心给摔了，躺在床上不能随意活动。这天，我提起菜篮，正欲出门买菜时，母亲不忘叮嘱了一句："记得买条鱼，你最爱吃的。"不知为何，我的心里泛起了一阵酸楚，转过头去问："妈！你爱吃什么？"

27 岁 导游

一事一悟

在我们儿时的记忆当中，父母总是提着菜篮，关切地问："小宝贝，今天想吃什么啊？"这一幕幕画面如同夕阳落日一般，虽然重复，但是美好。美好得除了爱，不含任何一丝杂念。或许，这一问就是几十年吧，那么我们是不是应该转过头去，问问他们，"你们爱吃什么呢？"

第 3 件事：爸妈曾经的梦想今日可曾实现

谁都会有理想，连麦兜都不例外。麦兜的理想是做一名校长，每天收了学生的学费就去吃火锅。今天吃麻辣火锅，明天吃酸菜鱼火锅，后天吃猪骨头火锅。程老师直夸麦兜："麦兜，你终于找到生命的真谛了！”

每一个人在儿时总会有这样的一幕情景：上课铃一响，老师走进教室，站在讲台上，拿出粉笔在黑板的中心位置写上两个大字——理想，接着转过身子，面对全班同学，用响亮的声音说：“同学们，这堂课就让我们一起来谈谈理想。”小时候的理想大多朴素简单，当医生、做画家、开飞机等，内容可谓丰富多彩，包罗万象。而我的理想是做一名志愿者，帮助偏远山区的孩子能够读书。这或许跟我的家庭环境有关。从小在农村长大的我深知读书的艰难，特别是对于偏远山区的孩子们而言。那年，我是全村唯一一个考上大学的，父亲亲自送我到学校。从大山中走出来的我，并未忘记那山，那人，还有那狗。

从小我就爱同父亲聊天，而父亲讲得最多的就是他的童年，还有在他童年时期所怀揣的理想。父亲是家中的老大，在他下面还有5个弟妹。家中一直都比较贫寒，由于人口较多，常常为此揭不开锅。父亲小的时候就跟着爷爷出去找一些零活干，帮补家用。那年父亲初中毕业就没能再进入学校继续学习，因为家里实在是拿不出钱供养他了。但父亲太爱读书了，他认为对于穷人而言，只有知识才能改变命运。于是，父亲趁闲时到集市上卖从山上砍来的干柴，每次赚来的钱都被完整地积攒下来，然后拿去交学费。就这样，父亲靠自己的力量念完了高中。后在爷爷的执意之下，父亲不得不回家务农。爷爷的观点是，农村人读那么多书有什么用。读出来一辈子还是摆脱不了做农民的命，老老实实在家干活，这样好歹还有点钱用。读书，是个不赚钱的买卖，不仅不赚，还赔钱。

父亲在爷爷的强制之下最终放弃了当年的理想，但父亲内心对知识的渴求并未因此停止。每天在地里忙完活回到家中，总不忘拿本书阅读。父亲看的书不少，大多跟历史有关。小的时候，我就特别爱围在父亲身边听他讲一个个历史故事。看到父亲那副滔滔不绝的样子，在听故事之余更对他添了一份敬畏之情。或许是自己的理想未得到实现吧，父亲在我读书这件事情上从头到尾都是大力支持的。不管家里再怎么没钱，他也会给我交齐学费，并不忘叮嘱我："好好学习！"

31 岁 话剧演员

一事一悟

理想是每个人都应有的，它或许存于心中，迫于现实的无奈最终成为泡影，但他们从未消失。在我们的成长过程中，父母不遗余力地从物质和精神方面给予我们支持，帮助我们实现我们的理想。那么，我们是否想过，父母年轻时的梦想可曾实现？

第 4 件事：轻轻拭去父亲眼角的泪

从小到大，父亲在我心目中的形象都是严厉的。父亲从不夸奖我，不管我如何听话乖巧，学习成绩如何好，父亲总会在一旁冷冷地默不作声。

对了，我的父亲是一名厨师，在大饭店里工作。父亲在厨艺界的身份和地位都是相当了得的。母亲的过早离世让父亲一个人担当起了家中的所有事务。那个时候我还小，父亲每天负责洗衣服、做饭，接送上下学，当然还要忙着赚钱养家。我有两个姐姐，大姐是一名中学教师，教授化学；二姐从事服务行业，在一间豪华的西餐厅上班；而我，早期跟随父亲学习厨艺，后来被逼迫着学习经济，目前在一间贸易公司上班。

每一个礼拜，全家一定要来一次家庭聚餐。每次，都由父亲一手包办一桌子的丰盛菜肴。家中的厨房是父亲的圣地，我们每一个女儿都不可以随便去碰，即使是对烹饪还算精通的我也不可以。父亲毅然断了我学厨的路，让我至今无法释怀。可在父亲看来，一个女孩儿学厨，毕竟不是一件好事儿，整天跟着一帮男的在大厨房里面混，光满屋子的油烟就够让人受的。但对于当时对做菜有着某种狂热喜爱的我来说，自是不能体会的，只觉父亲蛮横专制，不讲道理，并为此与父亲冷战了大半年的光阴。现在想想实在是没有必要。

“女大不中留！”这是最近一次家庭聚餐上父亲说的最后一句话，说这话是因为大姐要结婚了。说完后转身离开的父亲，独自一人坐在家中的院子里，他的背影看上去是那么孤独凄凉。这一次，我悄悄地走了过去，却不小心看见挂在父亲眼角的泪。父亲见我来，微微地叹了一口气，握着我的手说，“我看着你们姐妹三个从那么小一点儿，一天一天地长成现在这个样子，你们的母亲又走得早，我是又当爹又做娘的。现在，你姐姐就要嫁人了，我知道早晚会有这么一天，但心里还是很舍不得。我也知道，你心里还在为我当年不让你学厨那件事心生埋怨，或许爸爸的态度是过于强硬，但都是希望你们有朝一日有出息啊！唉！”听完爸爸的话，我也哭了。想想小时候，父亲总会在下班前，用揉好的面团给我们姐妹三个烤面包戒指，等我们放学回来，一人一个，戒指上还用花椒等作料进行装饰点缀。每次烤出来的面包戒指都不一样。其实，父亲对我们的爱虽然无声，却充满力量。此刻，我紧紧地搂着父亲，轻轻为他擦去那眼角的泪。

29 岁 外企经理

一事一悟

父母对我们爱的方式有很多种，有温柔的关爱，也有威严的慈爱。或许在我们儿时并不能很好地理解和接受父母所给的那种爱的方式，但当我们长大成人之时，尤其是自己变身为父母之际，这种感觉更能感同身受。在父母为我们落泪时，请记得轻轻拭去父母眼角的泪。

第 5 件事：亲自为爸爸配一副老花镜

我姓黄，朋友们都亲切地叫我“眼镜”， 因为我总是架着一副有着厚厚镜片的眼镜在鼻梁上。还在念小学的时候，我就患了近视。我的父亲是一名小学语文教师，在耳濡目染之下，我从小就读了不少原著经典。

那个时候的我，常常在枕头下面放一本厚厚的书。每天晚上，在母亲的催促声中假装上床睡觉，等灯灭了后，拿出一个手电筒又偷偷地看起书来。不良的阅读姿势最终促成了眼睛的过早近视。

在那个年代，戴眼镜的人不多，一个班上甚至一个年级也就那么几个，并且一定会被当成一件稀奇事来看。而且，买一副眼镜也远远没有现在这样方便。如果生活在小城镇，得到市中心才能配到一副品质较好的眼镜，哪像如今大街小巷配眼镜的商铺越来越多，隔几家便是。

父亲为了不影响我的学习，带着我坐了好几个小时的汽车到了市里面，在最繁华的地段找了当时最好的一家眼镜店，为我配了一副价格不菲的眼镜。戴上之后，这个世界好像真的清晰了。只是每次一戴，就会被眼泪模糊了视野。因为当时的我，很不喜欢也不习惯周围的人叫我“眼镜”，所以，每天醒来戴上眼镜，自己就会先哭一场。或许，哭着哭着就习惯了，再加上后来戴眼镜的人越来越多，所以也就不觉得自己戴着眼镜在他人眼中有多么另类了。

可我常常对每天架在鼻梁上的眼镜有愧疚之意。我并没有按照父亲所期望的那样考上大学，中学毕业之后，也未能飞黄腾达。相反地，在众人眼中，我是一个很不起眼，也很平凡的一个人。平凡得如同空气中的尘埃，不值一提。父亲嘴上虽然不说什么，但我也明白他心里的感受。

现在，我也是有老婆孩子的人了，而我的父亲也是年过八旬的老人了。这年回家，发现父亲看东西不怎么行了，年纪大了，患了远视。说来也奇怪，我眼睛不好，可父亲的视力在年老前一直都很好。父亲现在看书报之类的都要把它们举得远远的，阅读非常吃力。

再过几天就是父亲的生日了，这回，我领着父亲到了镇上最好的一家眼镜连锁店，为他配了一副漂亮的老花镜。我对父亲说："爸！长这么大，我实在是有愧于您当年为我配的那副眼镜，几十岁了，最后还是一事无成。"父亲戴着老花镜，手持报纸，听我讲完这番话，说："孩子，每个人有每个人的人生，这么多年来，爸爸并没有责怪你的意思，我知道你也很努力。其实，认真做人，做一个顶天立地对得起天地良心的人就是父亲对你的最高期望！"听完，我再一次哭了，泪水模糊了视线。原来，父亲要的其实就是这么简单。我摘下眼镜，擦干眼角的泪，笑着紧紧地抱着父亲。

45岁 民间中医

一事一悟

小的时候，父母带着我们去配眼镜；等我们长大了，父母变老了的时候，该轮到我们为年事已高的父母配一副老花镜了。父母对子女的爱，常常是纯粹且干净的。父母对子女的期望，有时候简单得犹如一杯白开水，清澈干净，内涵丰富。

第6件事：记得早晨在父母床边说："起床了！"

"小懒猪，起床了！"我轻轻地走到女儿房间，凑到她的耳根旁，试图叫醒还在睡梦中的女儿。显然力度不够，我不得不再用手轻轻地推了下她小小的身躯，此刻，女儿终于苏醒了过来，揉揉蒙眬的睡眼，发出轻微的呻吟声。此情此景，难免让我回忆起小时候，母亲每天清晨在我耳边用相同的语速与口吻说出了同样的一句话——"小懒猪，起床了！"

打从上幼儿园开始，母亲就负责上学期间每天清晨叫我起床。从星期一到星期五，从未间断过，而且总是在做好早餐之后按时准点地叫醒我。在外人看来，我有一个贤惠的母亲，母亲在生活、学习上对我的关心、照顾无微不至。我的成绩在班上总是名列前茅，而且我上课从来没有迟到过。估计，还得谢谢母亲那句："小懒猪，起床了！"上大学的时候，我离开了老家，到了另外一个陌生的城市。母亲送我上的火车，待我把行李放好之后，母亲掏出一个包装精美的盒子，说是送给我的礼物，让我好好收着，更叫我一个人在外好好照顾自己。母亲转身离开，火车在一声鸣笛之后缓缓地驶向了远方。坐在火车上的我，打开那份母亲送的礼物盒子，发现里面竟然是一只闹钟。闹钟的款式虽然普通，但很耐看，而且做工质量都很不错。只是，我有点不太明白母亲为何会送这样一只闹钟给我呢？

进了大学，来到一个全新的环境中，好玩儿的、好吃的、好看的，一切对我而言都充满了新奇。带着这份新奇，我忘却了对家的那份思念，甚至常常忘了给家里打个电话报个平安。大学上课的时间没那么集中，也很自由，母亲送我的那只闹钟一直被我放在箱子里，因为实在觉得作用不大。转眼间，大学四年就要结束了。许多人忙着找出路，找工作的找工作，实习的实习，考公务员的考公务员，而我，选择了考研。考研的道路是艰辛的，需要自己能够沉得下心来。考研的竞争也是激烈的，自己给自己设定好了每日的复习时间，早上 6 点钟起床，晚上 10 点钟回宿舍。很久未早起的我，突然要自己每天按时早起，确实有点困难。这个时候，我想到了母亲的闹钟。这件在箱底尘封了多年的礼物——闹钟，现在终于派上用场了。晚上睡觉前，我把闹钟的闹铃设置好，然后安心地睡了过去。第二天 6 点钟的时候，一阵熟悉的声音催促着我起床，我被惊醒的同时，眼泪划过脸颊。原来，母亲把自己的声音录成了闹铃，还是那句听了十几年的“小懒猪，起床了！”母亲的爱，一直都在，可我却轻易地忽略了。

那年考研结束后，我回到家中，在一个有阳光沐浴的清晨，走到母亲的房间，在母亲的耳边轻轻地说了句：“起床了！”

33 岁 大学老师

一事一悟

父母对子女的爱是连续且不间断的，或许在我们成长的某个阶段会遗忘。但在父母心中，永远不会遗忘掉的是自己的孩子。让我们轻轻地在父母耳边说句：“起床了！”以此告诉父母，我们也在爱着他们！

第7件事：为妈妈准备一个精致的便当

我有一个双胞胎妹妹。据父亲说，当年母亲在医院里生我们俩时难产，差点就出人命。医生问父亲，保大人还是保小孩儿，父亲着急地回答："当然要大人啊！"但是母亲却不同意，执意一定要保住小孩儿。好在最后大人小孩儿都没事儿。

这件事我和妹妹从小就听父亲讲过，听完后总会对母亲产生一份由衷的敬意。母亲对我们的爱，总是那样厚重、浓烈。我和妹妹从小就很依赖母亲，我们一家四口在一起的生活总是显得那样的温馨、幸福。为此，我们还被小区评为模范家庭。母亲总会为家里所有成员打理好生活中的一切琐事，一家人的饮食起居，日常杂事，还包括我和妹妹的学习。

随着父亲的过世，母亲脸上的笑容变得越来越少了。而我和妹妹又各自成家，为了不让母亲一个人在家感到孤单，我和妹妹商量由我和妹妹轮流照顾母亲一个月。周末的时候，全家再聚在一起陪着母亲。

平日的工作非常忙，我总是期待着周末的到来，倒不是觉得可以放假休息，而是喜欢和母亲待在一起的感觉。母亲的眼睛，温柔而慈祥，跟她漫无边际地聊着那些或高兴或烦恼的事情，心里总是觉得轻松惬意。

其实，除了周末以外，平时母亲都还是一个人，不管是在妹妹家还是在我家里住的时候，每天早上，吃完母亲为我们准备好的早餐，收拾收拾，匆匆离去，下班回家一般也都很晚了。很多时候，母亲都已经睡了。

后来，我和妹妹商量，给母亲报个老年兴趣班吧！年轻的时候，母亲就酷爱唱歌，没事儿的时候，总喜欢自己一个人哼哼小曲。在征得母亲同意的情况下，我为母亲在小区的文化活动中心报了一个合唱班。每天一大帮老人聚集在一起，练练歌曲，等把一首歌完整地排练好了之后就四处演出，到养老院或者是其他社区进行文艺表演，当然这属于公益性质的演出。

母亲的生活开始变得丰富且忙碌起来，大部分时间，出门比我们上班的都早。回来吧，也都很晚了。不过，看得出，母亲很享受这样的生活，忙并快乐着。为了让母亲能有更多的属于自己的时间，我和母亲商量以后的早餐由我来做，晚餐的话谁先回来就谁做。母亲同意了。尽管如此，我还是怕母亲太累了。

周末的时候，更是母亲参加活动的高峰时间。这天，在母亲出门前，我拿出一个准备好了的便当，放在母亲的包里，说："妈！这是为你准备的便当，你到了那里中午的时候拿出来吃吧！饭盒是保温的，到中午的时候还是热的。"母亲高兴地提上包，心满意足地说："知道了！放心吧！"

32 岁 餐厅经理

一事一悟

在我们还小的时候，父母陪伴在我们身边，照顾并保护着我们。等我们长大了，纷纷离父母而去。我们孤独时，有他们；他们孤独时，却渐渐找不到我们。多花点时间陪陪父母，安排好他们的晚年生活，在他们“忙碌”的时候为他们准备一个精致的便当吧！

第8件事：给父亲搓澡

小时候，父亲在省城的粮食局做科长，而我们家却住在距离省城几公里以外的农村。父亲平日里都住在单位的集体宿舍中，只有在周末的时候才回家跟大家待在一起。所以，不管是父亲还是家中的其他成员都异常珍惜这难得的家庭时光。父亲每次回来，总会给我带许多新奇的玩意儿，例如新出的小人书和各种口味的糖果。每到星期五的下午，坐在教室里的我总是难以平复内心激动的心情，一来是想着又可以看见父亲了，二来期盼着父亲所带来的那些惊喜。

回家后的父亲通常爱拿把椅子，坐在院子里那棵槐树底下乘凉。再在前面摆一张小桌子，小桌上有泡好的茶，还有父亲近期正阅读的一本书。父亲总是拿起书翻翻，然后合上放到一旁，再闭上眼睛。或许是在深思书中所写的内容吧。父亲总是严肃的，严肃到我们不敢轻易打破父亲四周所营造出来的那份宁静，除了那不知趣的知了声。但父亲同时也是慈祥的，慈祥到可以容忍我在他身上任意耍赖。只要父亲一回家，给我洗澡这事就全由父亲负责。每当夕阳余晖散尽，暮色笼罩大地之时，父亲就会亲自去井边打一桶水，然后用烧水壶将其烧开。

儿时关于洗澡的记忆总是那么欢快。父亲烧好了水，倒入盆中，再加入冷水，使其不至于太烫，接着就会把我叫到一旁，仔细地将我身上的衣服脱掉，拿用温水浸透了的毛巾将我的身子整个儿地擦洗一遍，再把香皂涂抹我全身。在父亲那双温暖而有力的大手来回搓动之下，泡沫覆盖全身，整个院子里都飘满了香皂的味道。晚风习习，洗干净后父亲赶紧拿一套干净的衣服替我换上，然后拍拍我的屁股说："赶紧回屋去！"这样的夜晚总是那样令我难忘。躺在床上时，父亲还不忘替我将被子盖好，摸摸我的小脑袋说："睡吧！"而我也总是满心欢喜地闭上双眼，进入甜蜜的梦乡。梦里有父亲，还有那甜甜的香皂味以及天空中的明月。

父爱如同一座山，承载了太多太多的力量，激励我勇敢地迈向远方。转眼间，我已长大成人，而父亲却日渐衰老。再过两天，就是父亲的六十大寿了，早早地母亲就开始置备食材，并给我打电话，提醒一定不要忘了后天那个重要的日子。妻子更是到商场精心为父亲挑选了一台进口的保健按摩椅。

生日当天，我领着孩子和妻子回家给父亲过生日。母亲准备了一桌子的丰盛菜肴，当中大部分都是我爱吃的，这在家中似乎成了一个约定俗成的家庭习惯。我已忘了父亲爱吃什么，而每次做饭的时候，父亲总不忘叮嘱母亲做我最爱吃的饭菜。吃饭的时候，父亲的筷子一直没闲着，不是往我碗里面夹菜，就是替我妻子、孩子添菜，可总是把自己给忘了。

来之前，我就同妻子商量好，吃完饭就准备回家。临走的那一刻，看着父亲的双眼，有种难以言说的忧伤。在跟妻子讨论过后，我们决定当晚留下来陪陪父母。就在妻子给儿子洗澡的瞬间，我冲到父亲面前说："爸！今晚就让我给你洗个澡吧！"父亲默默地看着我，欣喜地点点头说："好啊！"我在浴缸内放满了水，替父亲脱好衣服，再轻轻地搀扶父亲在浴缸内坐好。小时候，父亲熟悉我的身体。如今，父亲的背影是那么令我感到心疼。往昔厚实的肩膀不再，呈现在眼前的是枯老瘦弱的后背。在还是父亲替我洗澡的年代，生活条件大不如现在这么方便，水要自己打，自己烧，现在什么都是现成的，热水器、浴霸等生活设施一应俱全。我拿着毛巾轻轻地为父亲擦拭，儿时父亲替我洗澡的画面不断地在眼前浮现。

透过浴室内的大镜子，我看见了父亲眼角的一滴泪。

34岁 公务员

一事一悟

从现在开始，记得在忙碌的工作之余常回家看看父母，听听父母的唠叨，陪父母说说话。父母儿时为我们做了些什么，就以相同的方式回报给父母。儿时，父母为我们洗澡；那么现在，就让我们撸起袖子，仔细地为父母洗一个澡吧！

第 9 件事：点上蜡烛祝您“生日快乐”

“祝你生日快乐，祝你生日快乐……”伴随着女儿的歌唱声，老公双手捧着一个做工精美的草莓蛋糕从屋内走了出来。今天是 5 月 15 日，我的生日。婚后的每一年，我的生日都是在老公的陪伴下度过的。女儿的到来，为我们平淡的生活增添了许多惊喜。5 月 15 日，其实这天不仅是我的生日，同时也是我母亲的生日。时间总是会在恰当的时候做一些奇妙的安排。都说子女的生日就是母亲的受难日，我想，5 月 15 日这天，对于母亲而言更是意义非凡的。不过，不同母亲联系差不多将近 10 个年头。

还在我读高中那会儿，母亲毅然决然地同父亲离婚，抛下我嫁给了一个可以当我爷爷的男人。听外婆说，那个男人离过婚，没有孩子，是一所名牌大学文学系的教授。母亲与他相识不是一天两天的事了。早在同我父亲结婚前，他们就曾在一起过，不过在外婆、外公还有社会舆论的压力之下，二人尴尬分手。婚后的母亲过得并不快乐，这在我的童年记忆中是有迹可寻的。母亲总是一个人手捧一本书，坐在窗边，有时一坐就是一整天，也不同人说话，连看都懒得看其他人一眼。父亲同母亲的交流也不多。儿时的我更亲父亲一点，母亲身上的那份陌生感总让我觉得难以靠近，更别提在母亲怀里撒娇了。或许正因如此，母爱是什么，我从来没有过深切的体会。

母亲同父亲离婚后，我既不悲伤也不难受，或许我已习惯了家庭中这种冷漠的关系。离开那天，母亲想过来抱抱我，可我拒绝了。甚至于每年生日母亲打来的电话，我也不接。很多时候，我对5月15日这个日子是厌恶的，就因为跟她是同一天的生日。

直到4年前的5月15日，母亲照例打来了电话想祝我生日快乐，电话是老公接到的。老公告诉了我，但我没理。这样的情景发生过不是一次两次了，几乎是年年如此。开始并不觉得有什么，本来对母亲就没有过多感情可言。只是，三天后，我接到了一个陌生电话，电话是医院打来的。我至今难以忘记电话那头的声音，母亲用极微弱的声音对我说："女儿，妈妈知道对不起你。这辈子，我想最对不住的人就是你了。在我年少无知时，也曾冲动任性，为了那份所追寻的爱情，不惜牺牲一切。当然，也包括你。我知道，现在说什么也晚了，我不求你原谅，但妈妈希望你能够幸福地活在这个世界上……"突然，电话那头没了声音，接着就听见那边一阵嘈杂。直到晚上才知道，那是母亲打给我的最后一个电话，她已经离开了人世。那晚下了好大的雨，而我，想起了好多关于母亲的回忆。回忆中的她总是郁郁寡欢。几年后，同样做了母亲的我，深刻地体会到了做母亲的艰难。在这样一个特殊的日子里，我多想对着母亲说一句："生日快乐！"或许，远在天堂的母亲能够听见。

35岁 会计

一事一悟

父母之爱虽简单但却伟大，不论他们做了什么，对孩子的爱是不变的。因此，我们仍应怀着一颗感恩宽容之心对待父母。父母在我们生日时为我们所点的那根蜡烛，听着他们为我们所唱的那首生日歌，在我们长大成人之后是否也应该充满感激地对着父母说一句："生日快乐！"

第 10 件事：带着父母见见往昔旧友

又到了周末了，带着一身疲惫，怀着一份盼望，临下班前先打电话预约了几个朋友，准备下班后大家一起出去喝一杯。我的朋友不怎么多，能玩到一起的也都是那几个。平时大家都忙着上班工作赚钱，一到周末，我们就凑在一块儿玩。

从星期一到星期五，父母见我的时间不多，因为我总是在他们还在睡梦中的时候就离开家了，等我晚上回来的时候，差不多他们都睡了。不想因为我的作息时间和他们老两口的休息时间发生冲突，我毅然地搬离了家中。搬家其实还有另外一个原因，就是想有自己独立的空间。起初，父母并不同意我搬家，一来觉得我一个人在外生活不规律，没有人照顾我；二来还是舍不得我。后来我以上班方便为由，在公司附近找了一套房子，顺利地搬出家门。

平时上班忙，基本上也见不着父母，周末的时候一般都和朋友们待在一起，也很少回去看他们。倒是父母到我住的地方来过几次，每次来母亲都给我熬点鸡汤之类的，顺便帮我收拾房间。在我搬到公司附近这套房的时候，我配了一把钥匙给母亲，这是母亲执意要求的。其实还是担心我一个人不能照顾好自己。我是一个从小就爱在外面玩儿的孩子，总要母亲扯着嗓子在院子里叫我，才匆匆忙忙往家里赶，每次还总弄得浑身脏兮兮的。我的一帮朋友，大多是在外面结交的，父母不怎么认识，我也不愿意把他们介绍给我的父母，总嫌麻烦。父亲倒是不止一次地提到过让我把他们请到家里吃顿饭，一般我都拒绝了。和朋友在一起可以天南海北地瞎聊，但是如果父母在旁边的话总感觉不怎么方便，很多事情不好讲。考上大学那会儿，家里张罗着替我弄了一桌酒席，请了一些平日里的好朋友过来聚聚。那次，朋友们都来了，在上桌吃饭的时候，父亲本想同我和我的朋友们坐一桌的，我没同意，让父亲和其他亲戚坐一起。据母亲说，我当时的那一举动伤了父亲的心，虽然后来我向父亲道歉了，但心里总是过意不去。最近见母亲替我收拾完屋子转身离去的背影，让我想到了这件尘封多年的往事。想想自己现在的行为，不也是在伤父母的心吗？

这周周末，我照例约了几个平日里玩得最好的朋友到家中小聚，与往日不同的是，这次我还邀请了父母。星期六那天，我一大早起床到菜市场买了很多的菜，然后亲自下厨做了一大桌子的丰盛菜肴。大约中午的时候，大家都到了，有被叫来的朋友，更有第一次受到邀请的父母。父母这天的装扮明显看得出是费了一番心思的，母亲还特意去做了头发。吃饭前，我先郑重地向朋友们介绍了我的父母，这是我第一次将我的父母介绍给朋友们认识。那顿饭，大家都吃得很开心，大家也没觉得聊天有什么不方便。离开的时候，有几个朋友跟我说明天该回去看看爸爸妈妈了。

28 岁 平面设计师

一事一悟

带着父母见见往昔旧友，很多时候，父母是很乐意融入我们的生活中来的，想看看我们喜好的事物，我们的工作，甚至是我们结交的那帮朋友。不要嫌父母麻烦，更不要觉得父母是老古董，跟不上时代的步伐，带着父母和老友们一起玩儿，说不定大家都会有意外的收获。

第二章
光影流动：

泛黄照片的点滴回忆

第 11 件事：重游旧地

在我儿时的记忆中，父母一直都很恩爱。不知道从什么时候开始，两个人之间的关系发生了微妙的变化。自从我大学毕业到外地工作以后，就很少回家。很多时候，家里的情况都是母亲打电话告知我的。

近段时间，母亲在电话中不止一次地提到父亲周末一个人外出的事情，至于干什么，我们谁也不知道。起初，我还怀疑父亲是不是在外面有别的女人了，但又不好直接同母亲讲。

后来，母亲才告诉我说是父亲喜欢上了逛餐厅。父亲每周逛的餐厅大多数是出现在某个知名的美食网站上，父亲将那些推荐上榜的餐厅名字和地址记在本子上，然后趁周末有空的时候一家一家地去品尝。

父亲是一个爱吃也特别会吃东西的人，嘴巴很挑剔。在我们家族当中，父亲可是响当当的美食家。每一道菜，父亲吃完不仅能讲出这道菜有哪些优点，更能指出其中的不足之处。

父亲最厉害的地方在于对于菜里面的文化也能讲得头头是道，因此，跟父亲一起吃饭是一件很享受的事情。但是，父亲爱吃可不会做，平常在家里都是母亲做饭。母亲做的饭菜虽没有外面大厨做的那般美味，可是味道也相当不错，清清淡淡的，口味适宜。

母亲也是一个对吃很讲究的人，她喜欢看着我和父亲把满满一桌子的饭菜吃光，她最不喜欢我和父亲在外面吃东西。不过，对于他们相识的那间餐厅，母亲是不排斥的。只是，结婚后忙着工作，忙着照顾我，两人很长时间都没有机会再去。

转眼国庆长假就要到了，我推掉了去国外度假的机会，买了张机票，回老家陪陪父母。父母得知我要回家过节，高兴了好长时间。不过，令人沮丧的是，一进家门就听见父母在屋里吵了起来。原来，还是母亲在质问父亲为什么偷偷瞒着她一个人到外面逛餐厅的事。

其实，这个事情本来也没什么，但是母亲觉得事情背后隐藏的实质问题是很严重的。两人见我回来，都不再开腔，对我嘘寒问暖了一番，随后替我收拾行李张罗开来。

国庆长假期间，我尽量每天留在家中陪着父母，眨眼间，假期就快过完了。临走的前一天，我在父母相识的那间餐厅订好了位置，先打电话通知了母亲，随后又把吃饭的地点告知父亲。而我，等他们到了之后编了个理由偷偷离开了，故意留了一顿浪漫的烛光晚餐给二老。

我知道那天的晚餐很管用，因为第二天我发现两个人的关系变好了。后来，母亲在电话中也给我讲了那晚的一些细节，二人共同回忆起了年轻时候的许多往事，当然也包括谈恋爱时候的一些事。得知父母感情变好的消息，我心里也觉得乐滋滋的！

28岁 网站编辑

一事一悟

父母由最初的爱情转变为后来的亲情，有争吵、犹豫，更有怀疑、猜忌。多年的夫妻生活，或许让他们磨平了个人棱角，放弃了最初坚持的一些东西；又或许迫于生活的压力，双方的感情开始发生细微的改变。重游旧地，让他们拾起往日的美好，忆起了曾经的相爱与相知。

第12件事：给当年的结婚照涂上新的色彩

我的父亲姓林，单名一个“清”字，在林青霞当红的年代，老被人取笑，虽然二者只是音相似而已。父亲高高瘦瘦的，十分清秀，鼻梁上架着一副黑框眼镜。

父亲特别爱臭美，听母亲讲，同父亲刚认识那会儿，每次约会，父亲都会换一身新的衣服，绝不会出现雷同的现象。当时母亲心里就纳闷，父亲哪来这么多的衣服，比女人的衣服还多。

后来才知道，原来父亲有个做服装生意的朋友，每次约会前就到他朋友的店里挑选一套喜欢的来穿，穿完之后再还回去。不过，这个秘密直到他们结婚后才得以曝光，并且是在父亲不知情的情况下，由当年借服装给他的那个朋友偷偷向母亲说的。

父亲爱美，平日里最爱干的事就是逛街买衣服，尽管现在一把年纪了还是保留了这一兴趣爱好。在父母的卧室墙上，挂着一张彩色结婚照。那个时候拍出来的照片大多都是黑白的，当时拍婚纱照的很少，我的父母不仅拍了婚纱照，还拍了一张彩色的婚纱照。从照相馆取出来的结婚照，轰动了街坊邻里，许多人跑到我家去看热闹。本来就臭美惯了的父亲，听着旁人的夸赞，更是整天喜滋滋的。

不知不觉间，那副装裱精致的结婚照已在墙上挂了二十多个年头。照片上鲜艳的色彩已经逐渐褪去，但父亲与母亲甜蜜的笑容看着依然让人感觉温馨。

每次看见父母的结婚照，我也盼着结婚。

2011年6月5日，我终于迎来了期盼已久的婚礼。妻子是大学时期的同学，还在念大学那会儿，我们就在一起了，毕业后幸运地留在了同一个城市中工作。婚前，我同妻子拍摄了一整套的结婚照，这套结婚照分为几个不同的系列，基本上我们喜欢的风格都在里面。我没能继承父亲的臭美，但在拍照的过程当中，父亲也参与其中，并给我们提了很多建议。

这天，去取婚纱照的时候，看见特别的一对儿正在拍摄婚纱。说他们特别，是因为二人都是白发苍苍的老人。据影楼工作人员讲，他们是一对儿老夫妻，这次是想重拍一张新的婚纱照。我一听，脑中立马闪现一个念头：带父母拍一张新的结婚照吧！这样不正好体现两人的婚姻与爱情与时俱进吗？

取回婚纱照后，我同妻子商量了这件事，妻子也同意。第二天，我们就带着父母来到还是我们拍照的那间影楼，准备给他们拍一张新的结婚照。穿上洁白婚纱的母亲站在一身笔挺西装的父亲身旁，看上去是那样的美！二人不仅穿上西式婚礼服拍了婚纱照，还拍了一套中式的。最后在父亲的强烈要求下，又补拍了一张同挂在墙上的那张婚纱照有着相同背景与色调的照片。父母当年的结婚照，就这样被涂上了新的色彩！

29 岁 摄影师

一事一悟

在父母年轻的时候，他们也有甜蜜的爱情，也有臭美的时候。他们追赶着那个时代的潮流。如今，父母虽然两鬓斑白，但这并不代表他们就被时代潮流所遗弃。在他们骨子里，说不定有比我们更新潮的想法。给父母的结婚照涂上新的色彩，跟随父母一起重温流金岁月！

第 13 件事：送妈妈一条崭新的碎花裙

从小，我的梦想就是做一名服装设计师，后来因为很多原因，最后不得不放弃。这个梦想的建立或多或少和我的家族有关。外公就是一名不折不扣的裁缝师傅，在外公的影响下，母亲也学会了缝纫的一些技巧，但母亲并不擅长剪裁。

小的时候，我的很多衣服都是妈妈做的。妈妈从布料市场上挑选各种花色的棉布，然后找楼下的裁缝师帮忙剪裁，最后自己在家里用缝纫机给我加工一套漂亮的花裙子。

我的衣服永远都是独一无二的。还记得有一天，穿着妈妈用手工给我做的类似于民国时期的服装，再留着娃娃头，在学校里可是赢来了众人赞赏的目光。

我喜欢穿妈妈给我做的衣服，同时，我也喜欢看妈妈做衣服。踩缝纫机在我看来是一件相当有意思的事情，随着缝纫机的转轴来回地转，几块布料合在一起，一件衣服就做好了，真是神奇无比。

小的时候，我常常趁妈妈不在的时候偷偷去踩妈妈的缝纫机。不过，往往都是在没有线也没有布料的情况下。听着缝纫机转动发出的声响，我觉得特别欢快。

等长大一些的时候，我经常缠着母亲教我做衣服，母亲每次都未同意，只是叫我好好读书，不要学这些没用的东西。原来，还在外公做衣服的年代，裁缝是一个不怎么受人尊重的职业。在母亲的眼中，还是希望我能好好念书，当一个有文化的知识分子，将来谋一份坐办公室的差事。这是母亲对我最朴素的要求。

但我并未满足于此，我把积攒下来的零花钱偷偷买了教做衣服的图书，还有如何画时装画的书，并趁母亲不在的情况下，一个人在家踩着缝纫机练习做衣服。起初，做不出什么好的样品，还常常发生一些乌龙事件。多做几次后，也就好了。不过，一切都是在母亲不知情的情况下进行的。

高考那年，我顺利考取了本省的重点大学，母亲特别高兴。在填报志愿的时候，为了尊重母亲的意愿，选了会计这个专业。其实，对于我个人而言，我是很想填报服装专业的。

毕业后，我在一家国企从事跟所学专业有关的工作，日子过得不好也不坏。做服装设计师这个梦想，从未放下，但也不曾拿起过。只是随着女儿的降临，我开始自得其乐地为女儿做起了各色小衣服。不去商场中购买，而是自己从布料市场上挑选布料拿回家自己做。我做的小衣服得到了很多朋友的赞赏，虽然没能成为一名真正的服装设计师，但是为女儿做衣服也让我过足了当服装设计师的瘾。

转眼就到母亲节了，女儿送了我一张亲手叠的小卡片，并用稚嫩的笔画写上：亲爱的妈妈，母亲节快乐！感动之余，想到同样作为女儿的我是否应该也为自己的母亲送上一份祝福呢？“送母亲一条崭新的碎花裙吧！”这个念头在脑中闪过。趁着明天母亲节的时候，将一条崭新的碎花裙放到母亲床前，母亲带着我，我再带着我的女儿，我们三个一起欢度母亲节！

29 岁 会计

一事一悟

女人天生就是爱美，爱打扮的。小的时候，爱美的母亲把我们打扮得漂漂亮亮的，长大后，我们是否也应该把我们的母亲装扮得更加迷人呢？送母亲一条崭新的碎花裙，让母亲穿着裙子重温那旧日时光的回忆！

第14件事：拿起剪刀为爸爸理发

父亲是一个相当守旧的人，这可能与他有过10年的军旅生活有密不可分的关系。从每日的生活作息习惯再到平日里的为人处世，都有着严格的军人作风。

在我们家楼下，曾经有一间很老的理发店。那间理发店开设于1963年，是一间纯正的国营理发店，店门口还挂着一块白底红字的牌匾，上面用正楷写着“国营理发店”5个大字。

那个时候是物资极度匮乏的年代，什么都缺，缺吃的，缺穿的。去国营理发店理一次头发，在当时看来是一件极其享受也略显奢侈的事情。不用排号，往那儿一坐，享受贵宾级的待遇，理完发后还给你捶背按摩一番。

当时还是计划经济时期，我记得第三任经理姓王，文化程度不高，在国家还倡导平均主义的情况下却在店内搞起了计件制，按照每个职工理发的多少来发工资。别说，这一搞，把店里员工的精神都给带动起来了，生意也是越做越好。

父亲后来转业回到老家，被分配到一家国营企业上班。儿时的记忆当中，父亲很爱到楼下的这间“国营理发店”剪头发，每个月一次，雷打不动。每次到了要剪头发的时候，临出门前就见父亲特别兴奋，剪完头回来也总是一副神采奕奕的模样。

这几年，随着美容美发行业的发展，“国营理发店”最终还是默默地倒闭了。以前楼下就那一间店是剪头发的，现在楼下做美容美发生意的增加到了五家。门口的招牌也是一个比一个有档次，站在门口负责揽生意的服务员一个比一个新潮。头上染得红的绿的紫的，什么颜色都有。一进去，就是拼了命地给你推荐染发、烫发。如今，烫发的花样也是层出不穷，烟花烫、锡纸烫、波浪卷等。

奇怪的是，酷爱剪头发的父亲却从来不到这些美发店里面去消费。父亲的理由是：理发就剪头发，弄那么多花样干嘛！父亲的这个观点我也是有所赞同的，楼下的理发店倒是去过几家，本来只是想剪剪头发的，谁知道进去后被剪头师傅一糊弄，最后也染了个头发。往那理发店的椅子上一坐，总觉得不染个头发对不住他们。甚至会想，如果我还是坚定地告诉他们，我只是想剪个头发而已，他们会不会故意把我的头发乱剪一通。

不过，自那以后，我就很少再到楼下的美发店剪头发了。父亲更是自己买了把剪刀在家中对着镜子自己修剪。一开始，还有母亲在旁边帮忙，后来母亲过世了，父亲只好自己一个人弄。

这天下班回家，刚好看见父亲一个人坐在阳台上修剪头发，看着父亲的背影，心中不免一阵酸楚。我叫住父亲，走上前去，夺过剪刀，说："爸！以后每个月就让我负责给你剪头发吧！"父亲转过头来，微笑地看着我，说："好啊！我的乖女儿！"

26 岁 行政人员

一事一悟

习惯了朴素生活的父母，或许无法接受当代的快节奏生活，他们的情感是朴素的，同时也向往简单的生活。拿起剪刀为爸爸理发，这一举动虽小，却能感动到父母的内心深处。好好照顾父母，就像小时候他们照顾我们一样！

第15件事：为妈妈准备一套婚纱

我的妈妈是一名婚纱设计师，专门为新娘子设计、准备婚纱。妈妈热爱自己的工作，而让每一位新娘在披上婚纱的那一刻变得光彩夺目则是妈妈工作的目标。妈妈常常跟我讲，女人一定要拥有一套属于自己的婚纱。

对于新娘来说，最完美的结婚礼服既要能很好地展现出新娘本人的特色，又要能将其优点突出，同时掩盖住她的缺点。比如胳膊稍粗的新娘，可以在胳膊上佩戴一些装饰，腰粗的可以给她们穿高腰线的婚纱，脖子略短的可以在后身领子的设计上采取向下拉长的方式等。

妈妈每次讲到婚纱设计当中的一些细节和技巧问题，总是滔滔不绝。妈妈还常被那些穿上她所设计的婚纱的新人邀请去参加婚礼。

小的时候，一到放假妈妈就带着我一起上班。上班期间妈妈通常都很忙，我就一个人安安静静地在旁边玩儿，等妈妈下班的时候，又跟着妈妈一起回家。正因为妈妈工作很忙，所以我常常被放到舅妈家里。

我是单亲家庭出生的孩子，从我出生那天起，就未见过爸爸。听外婆说，在爸爸妈妈结婚当天，爸爸本来开着婚车兴高采烈地去迎接我的妈妈，却不想中途发生意外，爸爸车祸身亡。得知这起意外交通事故的时候，妈妈正在穿婚纱。令所有人都深感遗憾的是这件婚纱最终未能穿到婚礼现场。后来，也没有人能再看见过那件婚纱。

妈妈做婚纱，爱婚纱，也告诉我女人一定要拥有一套属于自己的婚纱。但很奇怪的是，我从未在衣柜里发现过妈妈的婚纱。我常常问妈妈，你的婚纱在哪里。妈妈总微笑着回答，“妈妈的婚纱放在了一个很隐蔽的地方。”至于这个隐蔽的地方在哪里，妈妈从来没告诉过我，这样一来，反而增强了我的好奇心。

眼看我的婚礼日期就要到了，为更好地迎接这一天的到来，妈妈陪着我做了很长时间的准备，包括饮食方面的营养搭配，还拉着我定期去美容院进行皮肤护理，当然也没忘了一周一次的头发护理。在这段准备时间内，其实妈妈显得比我更紧张也更忙碌一些。煤气炉上总是煲着各式各样的营养汤，在美容院或是美发店一坐就是一下午。除此之外，妈妈还在精心设计我在婚礼当天穿的婚纱。

记得有次顾客看中了妈妈为我设计的那套婚纱，可是妈妈说什么都不愿意出让。我的婚纱妈妈进行了反复的修改。这天晚上，看见妈妈又埋头在书房的灯光下修改设计图，我走了过去，问：“妈！属于你的那套婚纱呢？”妈妈顿时定在那里，然后看着我说，“妈妈的婚纱在爸爸火化那天也一起烧了过去，我希望那件未能穿到婚礼上的婚纱陪伴着你的爸爸，到世界的另一端，不会让他感到孤单。”

听完妈妈这番话，我马上哭了，然后紧紧地搂着妈妈说：“妈妈，我也不会让你感到孤单的。”

27 岁 美发师

一事一悟

当我们披上婚纱的那个幸福时刻，想想我们的妈妈，当年的她在披上婚纱的时候也跟我们有着同样的悸动心情吧！送妈妈一套婚纱，让妈妈重温当年的甜蜜吧！不管妈妈身边还有没有那个陪伴着她的人，都让妈妈感觉到还有我们陪伴在她的身边，不会让她孤单。

第16件事：带着爸妈一起去看电影

我的家在一个小县城里面，家的对面就是电影院。小的时候，我最爱在傍晚时分趴在阳台上看着对面依次排队进入影院的人群。

每当有新的电影要上映的时候，电影院门口就会立一块大大的牌子进行宣传。牌子上都是近期上映的电影海报，然后还有一些剧情介绍。通常，剧情介绍都很精彩，总在最后几句故弄玄虚，吸引更多的观众买票进去。那个时候自己掏钱买票看电影的人不怎么多，倒是常常有单位或者学校进行包场，然后组织单位职工或者学校学生集体观影。

记得我看的第一部电影是由爸爸单位组织的，包了个全场。因为可以带家属，所以晚饭过后爸爸领着我和妈妈一起到电影院看电影。又因为家里离电影院比较近，因此我们在电影放映前10分钟才晃晃悠悠地走出家门。电影院里来的全是一个单位的，在还没正式放映前，里面可热闹了，全都聚集在一起拉家常。今天晚上做了什么好吃的，明天孩子又要干嘛，总离不开这些话题。说着说着，屏幕一亮，灯光一暗，音效一响，观众集体安静了下来。那天晚上的电影是关于红色革命题材的，具体片名早忘了。只记得我在电影院中大哭了一场，因为片中的革命人物死了。坐在旁边的父母忙安慰我，劝我别哭。那个时候小，哪知道电影是假的，自顾自地在那儿大哭一番，哭到最后电影放映结束。

到了中学时代，常常逃课跟同桌的女孩儿一起去看电影。总在新片上映期间，某个晚自习的时候，假装毫不相干地跑出去上厕所，然后再约在某个特定的地点一起朝电影院奔去。成功了几次，但也被班主任逮到过几次，还把我们俩的爸爸妈妈叫到学校训话，回家后我们都挨批了。这些青涩的记忆随着电影院的改建变得模糊起来。

2000年，电影院重修，原来的老旧放映厅全部被拆掉。不出一年的工夫，一间崭新的电影院修好了。原本一层楼的电影院变成了两层，一间放映厅如今变成了十间，并且每间都取了一个特别的名字。里面的装潢设计也变了，椅子更加舒适，屏幕也更宽了。

不过，因为读书的缘故，我离开了原来居住的小城镇。倒是爸爸常常打电话告诉我对面电影院的近况。每次听爸爸在那儿说得津津有味，我心里多想能够回家跟爸爸妈妈一起看一场电影啊！

今年，我把年假留在过年的时候一起用，早早地就给爸爸打电话说要回家过年的事情。爸爸和妈妈都很高兴，因为工作的原因，我已经两年都没有回家过年了。回家第二天，爸爸坐在沙发上看电视，我拿着买好的三张电影票递到父亲手上，说：“爸！今晚吃完晚饭我们一起去看场电影吧！”

26岁 演员

一事一悟

带着爸爸妈妈看一场电影，重温儿时的梦。想想小时候，爸爸妈妈拉着我们的小手，走进电影院看电影，在电影院的光影流动间，收藏着那些童年的记忆。现在，就让我们挽着爸爸妈妈的手，再一次走进电影院，回味当年的时光。

第 17 件事：给妈妈的缝纫机

在当今社会，结婚的条件一定少不了车子、房子和票子。早在20世纪七八十年代，家里要是有个“三转一响”：自行车、缝纫机、手表、收音机，那就象征着拥有相当高标准的生活了。现在的人虽然比那个时候物质生活更加丰富，但精神生活贫乏；那个时候的人在生活上虽然单调了一点，但活得充实。

在家里的阳台上，摆着一台老式缝纫机，算是妈妈的嫁妆。当年，在妈妈出嫁的时候，外婆送给她的，还是蝴蝶牌的呢。蝴蝶牌缝纫机在八九十年代可是名噪一时。那个时候，以上海这座大城市的工资标准来衡量，一名普通工人一个月的工资不超过三四十元，但一台蝴蝶牌缝纫机就要150元。

外婆是学缝纫出身的，开了一间裁缝铺，在当地一条比较繁华的街上做着小买卖。外婆的这间裁缝铺具有相当高的名气，这从我长大后走在街上别人问的话可以得知。“你不是张裁缝的外孙女儿吗？”每次我都笑着回答：“对啊！”

在外婆的影响之下，妈妈也学会了缝纫这门手艺，只是不及外婆那般有经验。妈妈他们家除了她以外，还有两个妹妹，妈妈是大姐。外婆30岁就守寡，带大几个女儿实属不易。在二女儿跟三女儿还在念书的时候，妈妈就已经开始工作赚钱，帮补家用，休息的时候也常常帮着外婆照看裁缝铺的生意。

后来，妈妈出嫁，外婆慷慨地为妈妈买了一台在当时来看价格十分昂贵的缝纫机。而妈妈，在婚后的日子里，凭借着这台缝纫机，为我做了不少漂亮的衣服。

那个时候的物资远没有现在这么丰富，商店里面的商品不多。妈妈喜欢在外婆开的裁缝铺里面挑选好看的布料，然后给我做几件漂亮的衣服。我小时候的衣服，都是妈妈做的，而衣柜里买的衣服大部分都是姨妈她们送的。

我长大后，也开始跟着赶时髦了，看着学校里的同学穿着从商店里面买回来的花裙子啊，特别羡慕。于是，就不再喜欢穿妈妈做的衣服了。妈妈似乎也觉察出我对她做的衣服开始产生厌倦，有不满的情绪，以后就不再给我做了。妈妈总是在我想买衣服的时候，拿钱让我自己到商店里面去挑。妈妈对我总是这样的宽容、有爱。

大三那年，时尚界又流行起了复古风，于是我赶紧买来杂志，又想紧跟时尚潮流。令我没想到的是，杂志上面的复古服装居然跟小时候妈妈做给我的服装款式极其相似。反复翻看着那本杂志，手指在纸页上来回摩挲，渐渐觉得心情沉重了起来。不知为何，有种想立刻跑回家的冲动。我赶紧拨通了家里的电话，恰好是妈妈接到的，我激动地对着电话那头的妈妈说："妈！用你的缝纫机再给我做一件衣服吧！"

28 岁 研究生

一事一悟

妈妈对子女的爱永远是简单且朴素的，犹如用缝纫机亲手为我们裁出的那一件简单、朴素而又不失大方、庄重的衣服。有爱、自然、美丽是那件衣服永远的主色调与标签。当我们懂得了妈妈对我们的这份简单的爱的时候，一定别忘了告诉她啊！

第18件事：抽屉里的钢笔

在书房的抽屉里，静静地躺着四支钢笔。每一支钢笔对我而言都意义非凡。

大学毕业后，我前往加拿大继续深造。刚到那边的时候，我并不知道当地人都用铅笔和圆珠笔写字，出门买墨水，走了好几条街都没有买到。后来，这还成了一个笑话。出国时带的钢笔至今放在抽屉里没能用上，倒是时不时地拿出来看看。

一支钢笔一段故事。

这四支钢笔每一支都是父亲送给我的。父亲送我的第一支钢笔是宝石蓝色的。那会儿我上小学三年级，老师让大家开始练习用钢笔写字，每天五篇钢笔字。放学回家，我总是乖乖地坐在桌子旁，拿出本子，一个人在那里写。从我开始学写字的时候起，父亲就教我写字要有力，要工整。每次写下来，一张纸常常因为我过于用力而到处都是划破的痕迹。这个不好的写字习惯，到现在都没能很好地改正。第一支钢笔伴随我整整三年的光阴。

第二支钢笔是中考前一个月父亲给我买的。父亲觉得之前的那支钢笔用得太旧了，该换一支新的了。由于是新笔，所以笔尖用起来没那么顺畅，父亲说多写写，磨磨就顺了。在一个月后的中考考试当中，我就用这支钢笔。哦！对了，这支钢笔是永生牌的，通体红色。或许每当握着这支钢笔时，就能感受到父亲的那股力量吧！那次中考，我如愿考上了省重点中学。第二支钢笔同样陪伴了我三年。凭借它，我不仅练就了一手好字，更是写出了不少好作文。

第三支同第四支钢笔分别是考重点高中与考大学前父亲送给我的，同样是永生牌的。父亲的钢笔，握在手上如有神助一般，我顺利地考上重点高中，又顺利地进入大学的校门。

转眼间，我在海外待了已有3个年头，除了通过网络跟父母联系之外，真正见面的时间几乎为零。一个人在外，还是会想家，特别是碰上传统节日的时候。父母喜欢通过网络跟我视频聊天，每次在电脑上看见父母乐呵呵地跟我打招呼，感觉特别温馨。但每次见他们，就会让我感觉他们比上一次苍老了那么一点点。

今年春节，对父母和我来说都是一件很值得期盼的事。因为我终于可以回国跟父母团圆了。出国前，每年春节都是同父母一起过的。出国后，家里只剩下他们两人，春节的时候常常是一边看着春晚，一边同我视频，还不忘嘘寒问暖一番。好几个不能团圆的大年三十，让父母与我心中只存相思。

我在加拿大收拾好行李，做好回家过年的准备。临走前，想着给父母带点什么礼物。母亲的礼物倒好选，母亲爱美，所以最后给她买了一个LV的手提袋。父亲的礼物实在是难倒了我，思考了很久，最后在逛商场的时候路过一间文具店才想到送什么给父亲。

对！送钢笔，钢笔不管是对我还是对父亲来说都有着深刻的含义。我走进店内，挑选了一支质量上乘的钢笔，并请店内专业人员在钢笔上刻上父亲的名字。心想："父亲一定会很喜爱这支钢笔的！"

35岁 外企市场研发部经理

一事一悟

在我们的成长过程当中，总有某种东西寄托着父母对我们的鼓励与关爱。这东西或许是一本书，一支笔，一句话，又或是存于脑海中的一个片段。不管走到天涯海角，距离父母多么遥远，只要看见它们，总能想起父母对我们的那份关爱。别忘了，在我们远走他方的时候，也给父母留下同样的某种东西，告诉父母："我们很好，我们也爱你们！"

第19件事：让妈妈变身美甲达人

妈妈是一个特别爱美的女人。当年在丝绸厂上班的时候，还是厂里有名的"五朵金花"之一。听说那个时候，追妈妈的人可多了。每天上班，妈妈一定要把自己收拾得漂漂亮亮的再出门。口红是一定要抹的，高跟鞋也是一定要穿的。

妈妈个子不高，属于很小巧精致的那种类型。所以，在打扮方面妈妈有自己的一套穿衣法则——高跟鞋配短裙。妈妈平时的装饰物也很简单，不贵，但都比较精致。珍珠是妈妈的最爱，珍珠耳环啊，珍珠项链啊，等等。我也觉得珍珠很贴合妈妈的气质，温润典雅。

据爸爸说，当年他可是过五关斩六将好不容易才把妈妈追到手的。那个时候有一个男孩追了妈妈两年，每天都在妈妈的自行车上面放一封情书。起初，并不知道这个人是谁，也一直很神秘。倒是妈妈在厂里的好姐妹常常在一旁起哄：“瞧！你的白马王子又给你送情书来了。”妈妈总是面露羞涩地匆匆将情书塞进包里面。

后来，这个神秘人物终于现身，直接找到了妈妈家里面。外婆当时出来狠狠地教训了他一番，把那人给骂跑了，还叫他再也别写情书了。时至今日，妈妈还是不知道这人到底是谁，长的什么样，只是会后悔当初没能好好地跟他聊聊。毕竟对于那件事的处理方式还是显得有点极端，会伤了一个人的心。对于别人的爱，我们应该感恩并珍惜。

后来，当兵转业回来的爸爸同妈妈结了婚，婚后一年又有了我。妈妈爱美，自然也不会亏待了我这个女儿啊。每天都把我收拾得干干净净，打扮得漂漂亮亮。

我最喜欢的就是妈妈给我涂指甲油，这指甲油不是从外面买回来的，而是妈妈亲手做的。妈妈不知从哪本书上查到了制作指甲油的方法，然后如法炮制：先是找来凤仙花，放在一个钵里面将其捣碎，再将从药店里买来的明矾放进已捣碎的凤仙花里面，接着搅拌均匀。取出一小撮涂在指甲表面，连续涂抹三到五次，指甲片立刻变得饱满有光泽，更神奇的是这样做出来的指甲可以保证几个月都不褪色。

如今，大街小巷到处都是做美甲护理的小店，光做法就分为好多种：指甲笔绘、指甲勾绘、指甲喷绘、水晶甲、光疗树脂甲，等等。不过，妈妈却从不去外面做指甲。一向爱美的妈妈居然在这方面如此不重视，倒是让我好奇地想问一问她，最后妈妈给的解释是，每天要忙着做饭做家务，做了美甲会很不方便。

妈妈不经意的一句话，让我感受到了这么多年来她为了这个家庭的默默付出。为了减轻妈妈的负担，我和爸爸商量，以后的家务活我们俩做。这周周末，刚好我休息，不用加班，我和爸爸陪着妈妈一起逛街，把妈妈带到一家专门做美甲护理的店，由美甲师给妈妈做一套漂亮的指甲，让妈妈也变身为美甲达人。

26岁 美容师

一事一悟

我们的妈妈或许不是我们现在所看到的这样，婚后的家庭生活，让她们由曾经那个爱打扮爱漂亮的女子变身成为家庭默默付出的中年妇女。可是，妈妈骨子里应该还是爱美的，只是她为了家庭放弃了追求美的权利。为妈妈减轻家庭琐事当中的负担，让妈妈重拾往昔的美丽，带着妈妈一起变身成美甲达人吧！

第20件事：那一排排“三好学生”奖状

在我们家的老房子里，曾经贴了一排排的“三好学生”奖状。起初是贴在客厅里面的，每次有人到家做客，见贴在客厅的那些“三好学生”奖状，总是会当着爸爸的面夸奖一番。一来赞赏我懂事听话，学习成绩好；二来夸爸爸对我的教育方式得当，育儿有方。

那个时候评“三好学生”的条件必须符合三点：一是思想品德好；二是学习成绩好；三是身体好。其实在大多数情况下，在评选的过程当中首先考虑到的因素还是学习成绩好，因为这一项最容易量化。当时学习成绩被评为优良的标准也是很明确的，低年级的考试分数在 90 分以上，中年级的在 85 分以上，高年级的在 80 分以上。当然，对于那些相较上一次有明显进步的同学，即使最终成绩不理想，但进步突出，也是有被选为“三好学生”资格的。

发奖状的时候，总是在全校大会上，由校长亲自念出每个年级每个班的得奖情况。小时候，会觉得那是一个极其庄严且神圣的时刻，特别是听见自己的名字从校长口中念出，然后整个学校的人都能听到你的名字。那种心情实在是难以用语言来描述。

“三好学生”奖状的证书其实很简单，上面通常会在证书第一排的正中间写上“三好学生荣誉证书”8 个大字，下面再写：某某同学，在某某学年中，成绩显著，被评为“三好学生”。特发此证，以资鼓励。

再长大一些的时候，那一排奖状从客厅移迁到了我的书房。爸爸说：“大了不比小时候，三好学生代表的是你的过去，不能保证你的未来。未来的路还要靠自己好好努力啊！”

爸爸的这番话总是不时萦绕在我的心头。从小学一年级到小学六年级，我总共得了五张“三好学生”奖状。前四年是连续得的，在小学五年级的时候因为考试成绩的原因未能评上。

那年，家里出了一场意外，爸爸遭人陷害，让警察给抓了起来。虽然最终查明获得清白，事情也得以平息，但我对爸爸却产生了异样的情感。我不再喜欢爸爸每天接我上下学。小学六年级的时候，我努力复习备战中考，想的只是考上重点初中，到时就可以以住校为借口离开家了。爸爸对我的这一反应很无奈，但又不知如何化解。

慢慢地，我和爸爸的关系越来越不好。离家也越来越远，还不爱给家里打电话。直到有一天，妈妈打电话给我说爸爸病了，让我回家一趟看看爸爸，还说他们都很想我。起初，还想着找个理由推脱掉，后来想想还是回去看看吧！收拾好行李，坐上火车，一路风尘仆仆地往家赶。

进家门的那刻，爸爸给我开的门。他刚从医院回来，苍白的脸颊，略微发白的鬓角。这些细微的变化，让我产生一阵莫名的愧疚感。我望着爸似乎黯淡的目光，说：“爸！好点了吗？”爸爸用有点颤抖的声音回答：“好点了，你回来一切都好了。”

23岁 大学生

一事一悟

在孩子的成长过程当中，跟父母之间产生隔阂是一件很正常的事情，只是不要让这份隔阂隔断了你与父母间的那份亲情。很多时候，很多事情，双方坐下来好好沟通一下，敞开心扉进行交流，事情终归都是可以解决掉的，父母对子女的爱是永远不变的。

第 21 件事：家庭卡拉 OK

20 世纪 60 年代，日本的井上大佑先生发明了卡拉 OK。在 1999 年 8 月 23 日出版的美国《时代周刊》亚洲版中，还将其与毛泽东、孙中山、甘地、黑泽明等共同评选为本世纪内对亚洲带来重大影响的二十人。对其评价颇高："毛泽东、甘地改变了亚洲的白天，井上大佑改变了亚洲的夜晚。"卡拉 OK 在我国兴起于 20 世纪 80 年代末，在我脑海中跟卡拉 OK 相关的记忆差不多也从这个时候展开。

刚开始，唱卡拉 OK 是一件极其奢侈的娱乐项目，大多在一些比较高档、时髦的场所才会有。那个时候一般都是在大厅里面唱，不像现在设有专门的包房。唱一晚下来，价格昂贵。

爸爸是一个卡拉 OK 迷，超爱拿着话筒唱个不停。用现在的话讲，就是一个十足的麦霸。可惜的是，爸爸唱得不怎么好。爸爸唱歌有一种本领，就是能将所有的歌都唱成一个调。不过，卡拉 OK 本来就属于自娱自乐的娱乐项目嘛。好在即使唱得再不好听，妈妈都会在一旁替他鼓掌。

后来，商场里面有卖家庭式卡拉 OK 的，爸爸看见后毫不犹豫地买了一整套回去。一进家门，就迫不及待地拆掉外面的包装盒，将里面的东西拿出来，对照着说明书组装起来。

爸爸毕竟不是专业的，很多东西即使拿着说明书也不太能看懂。第二天一大早，爸爸就找了附近的一个专搞音像器材的师傅到我们家来看看。师傅就是师傅，不用看说明书，不一会儿的工夫就把那些东西给弄好了，还让爸爸拿着话筒讲话，好调试音响的效果。

爸爸太爱唱歌了，所以也很爱护这套家庭卡拉OK。他在附近一家做家具的皮具店，专门为卡拉OK的音响订做了一个猪皮质地的皮外套。这下可威风了，凡是到我们家来玩儿的朋友无不对这一装在套子里的音响印象深刻。

自从这套家庭卡拉OK买回来之后，爸爸最爱干的事就是吃完饭拉着我和妈妈说："晚饭过后，我们继续唱歌。哈哈！"看着爸爸孩童般的笑容，我和妈妈每次也跟着不自觉地笑起来。

爸爸最爱唱的是红歌，妈妈最爱唱邓丽君的歌，而我就爱唱流行歌曲。别看爸爸自己唱得不怎么好，但常常能给我和妈妈在歌唱方面提出很多具有建设性的意见。我和妈妈每次都是表面上不接受，心里对爸爸提出的批评建议还是蛮佩服的。

后来我念大学，离开了老家，三人卡拉OK变成了两人。两个人唱觉得没意思了，那套音响设备就彻底搁置在了那里，成了名副其实的摆设。爸爸常常给我打电话说："女儿啊！什么时候回来我们三个人一起唱歌啊！"

大学毕业后我留在了大学所在的城市里工作。工作的忙碌，让我离爸爸妈妈越来越远，不是地理上的遥远，而是心的距离。我常常忘了打电话给父母，即使父母主动给我打电话，我也总是说："忙！"现在想来，简简单单的一个"忙"字，硬生生把我和父母间的距离给拉远了。前几天和同事到KTV里唱歌，拿着话筒正要开口时，让我想到了爸爸，心里不禁泛起一阵酸楚。心想："下次放假不加班，回家陪爸爸妈妈唱一首歌吧！"

28岁 汽车销售员

一事一悟

家庭卡拉OK，多么有趣的娱乐项目啊！在早些时候，买一整套家庭卡拉OK放在家里，晚饭过后或是兴致来了的时候，邀上三五好友或是家中成员聚在一起，唱唱歌是多么惬意且欢快的一件事啊！不要总拿“忙”作为理由，放下手中繁杂的、不必要的工作任务和应酬，回家陪爸爸妈妈唱唱歌，重温儿时的温馨时光吧！

第三章
味蕾记忆：

残留在舌头上的味道

第22件事：那一杯浓浓的豆浆

还在我很小很小的时候，家里的人就养成了喝豆浆的习惯。每天早晨一杯豆浆那是雷打不动的。就好像很多家庭每天喝牛奶一样，我们家喝豆浆。豆浆属于植物性蛋白，区别于牛奶的动物性蛋白，更加安全可靠，且营养价值不输牛奶。

听妈妈讲，关于豆浆，还有一个小故事呢。相传，豆浆的发明者是西汉的淮南王刘安。刘安是一个有名的孝子，在他的母亲生病期间，刘安每天都用泡好的黄豆磨成豆浆，然后端到母亲床前，亲自喂母亲喝。在刘安的细心照料下，母亲的病很快就好了，而豆浆也因此在民间逐渐流行开来。

小的时候，每天喝一杯豆浆远没有现在这么方便，用豆浆机一打便是。那个时候最常见的做法就是拿着一个很大的碗，到卖豆腐做豆干的铺子里面打上一大碗人家已经做好的豆浆，回家后再拿小锅把它们熬开，加点糖，让味道更香甜。

除此之外，我喝过最奢侈的豆浆是大学一年级放暑假回家的时候，妈妈亲手给我做出来的一碗豆浆。那天，我生病了，躺在床上什么都不想吃，但莫名其妙地很想喝豆浆。本来想让妈妈替我从外面买一杯回来喝的，可妈妈说外面做的豆浆不好，很多都是拿豆浆粉一冲完事儿，还常常加入很多莫名其妙的添加剂，根本没有什么营养价值可言，我现在生病，不能喝那样的东西。

说完又说要在家给我做点豆浆，病得有点严重的我，迷迷糊糊又睡了过去。当我醒来的时候，发现床头放着一杯热气腾腾的豆浆。端起碗，喝上一口，这豆浆的滋味好像小时候喝过的味道啊。我问妈妈，是怎么一个人在家做出来的。

妈妈告诉我说："其实自己做豆浆没想象中的那么复杂，只是很多人现在不愿意花那个心思去弄罢了。先是把从市场上买回来的豆子清洗一遍，然后放在水中泡软，再用钵把泡软的豆子碾碎，接着把它们放进已经烧开的水里去煮。待煮熟后，用纱布把豆浆过滤出来，最后加入一点白糖。"

听妈妈讲得津津有味，其实我已经被这繁杂的程序弄得晕头转向。我把头靠在妈妈的手臂旁边，轻声地问："妈妈，累吗？"

妈妈微笑着回答："不累。你们年轻人，什么都讲究速成。快餐文化，快餐店现在也越来越多，更是受到你们这帮小孩儿的喜爱。其实，那些东西都是很没有营养的。传统的东西逐渐在丢失啊，就像这一杯豆浆一样。或许在你想喝的时候，可以在外面轻易地买上一杯豆浆，但是，外面卖的豆浆永远都比不上自己家里亲手做出来的那杯豆浆，你知道为什么吗？"

我接过妈妈的话题，好奇地问："为什么啊？"妈妈看着我的眼睛回答："因为这里面有妈妈的爱啊！"听完，我笑着搂紧了妈妈，这就是母爱的力量吧！很多传统的东西还得好好地向妈妈学习啊！

26 岁 教师

一事一悟

豆浆的滋味，永远都是那么香甜，因为那里面会有妈妈的爱。母爱的力量是坚定且伟大的。在我们脆弱无力的时候，它永远是我们停靠的避风港，抚慰我们受伤的心灵或身体，待我们整顿好了之后，送我们继续踏上新的旅途。

第 23 件事：便当里的记忆

妈妈是一个严格的素食主义者。自从妈妈开始吃素以来，家里就不再有肉类食品的出现。受妈妈的影响，跟肉类相关的食物我也没太多的机会接触。妈妈总告诫我和爸爸，动物都是有生命的，有灵性的，我们不可以残忍地去吃肉杀生。

对于妈妈的理论，爸爸虽然嘴上不予反驳，大多数情况下，是给予了充分的尊重和包容，不过爸爸也是有他自己的想法的。

爸爸偷偷跟我说："其实，吃肉不像你妈说的那样。你妈妈是因为有宗教信仰才会如此。对于我们没有特殊信仰的人群而言，不吃肉的主要原因是现在的肉类太不安全了。在动物的饲养过程当中，为了能饲养出更多的动物，为了让动物长得更壮，饲养员不断地给动物注入各种强化剂、抗生素、催长素，例如给猪身上注射瘦肉精，等等。这些东西一旦吃进人的体内，就很容易对人的身体健康造成难以预估的伤害。"听完爸爸的话，我总做出一副恍然大悟的样子。

妈妈从我小时候开始对我在饮食方面习惯的培养就跟其他家庭不太一样。别的家庭是各种美味轮番上阵，餐桌上面一定会有肉的。但在我们家，妈妈总把各种当季的新鲜蔬菜弄在一起给我吃，或煮或炒。不过，妈妈做的饭菜还是很美味的，特别是一种叫五行汤的蔬菜汤，当中配有五个颜色的蔬菜。据妈妈说，这五个颜色对应五行，刚好可以补我们的心、肝、脾、肺、肾。对我而言，倒没想过那么多，只是觉得滋味不错。

初中那会儿，我就读的学校需要寄宿，这可把我给高兴坏了。想着可以每天住在学校里，随时跟玩得好的同学们一起玩，还可以吃从来没有吃过的食堂里的饭菜，我就忍不住偷笑。

正式开学报到那会儿，爸爸妈妈为我准备好了各种生活用品，床单、被套、棉絮全都是新的，此外，还有一个新的饭盒。妈妈把饭盒给我的时候，再三嘱咐我在食堂吃饭的时候要注意挑选食物，尽量不要吃肉。我敷衍着答应下来。

第一次跟着同学一起进食堂的时候，看着摆在那里的可口饭菜，还有闻到那扑鼻的香味，我忍不住吞了好几次口水。或许跟我一直在家吃素有关，学校里的饭菜每次吃完就害我拉肚子。妈妈为此来看过我好几次。

再后来，妈妈直接拿走了我的便当盒，每天在吃饭的那个点辛辛苦苦地从家里给我送来饭菜。一开始，我的抵触情绪很强烈，好几次趁妈妈不注意，把饭盒里面的饭菜全部给倒了。再后来，干脆连饭盒都给扔了。

我的这种行为狠狠地伤了妈妈的心。爸爸为此跑到学校里面教训了我一顿。我一直记得在那次的教训过程当中，爸爸给我讲的一个故事，关于他和奶奶的故事。

爸爸说:“当年,我还在念书的时候,你奶奶也是常常做一些吃的，然后送到学校里面来看我。我那个时候也是寄宿生。不过，当时的经济条件不如现在。每个礼拜能吃到你奶奶送来的放在便当里面的馒头咸菜，还有一些在当时的条件下显得很奢侈的咸鱼，大概是我一个星期当中最开心的时候了。便当里的味道可惜只能存在于记忆当中了。你妈妈现在的做法或许让你感觉很难接受。其实，好好地同你妈妈进行沟通，不要采取如此极端的方式去伤你妈妈的心。很多东西当它失去了再想要可就难了！”

26 岁 餐厅经理

一事一悟

父母与我们或许在生活习惯还有行为方式上存在某些差异，化解这些差异的方法不是极端地拒绝，更不是直接去伤害父母的心。很多时候，需要的只是一份包容和彼此间的沟通。不要等失去了才觉得后悔，趁一切还早，好好珍惜吧！

第24件事：妈妈的乳汁

我们都是喝妈妈的奶长大的一代。不过，在我还是一个嗷嗷待哺的婴儿的时候，能吃上妈妈的奶是一件特别困难的事情。妈妈是一名公务员，在政府机关里面上班。妈妈由于在妇联里面表现突出，很受重用。如今已是我们那个地方的妇联主席。打从我生下来起，跟妈妈在一起相处的时间就很短暂，因为妈妈太忙了。忙得没有时间照顾我，没有时间带我玩儿，甚至忙得没有时间给我喂奶。

在儿时的记忆当中，总是爸爸在旁边拿着拨浪鼓摇啊摇地逗我开心；总是爸爸拿着用奶粉调配冲兑好的奶瓶给我喂奶；总是爸爸在我拼命抓奶吃的夜晚伸出自己的手指假装乳头任我吮吸；还是爸爸在我念书的岁月里每天叫我起床，给我编辫子，喂我吃早餐，送我去上学。而妈妈，总是忙着上班；忙着单位里面大大小小的开不尽的会议；忙着带着下面的人员或者跟随上级领导上山下乡。所以，我总是看不见妈妈的身影，甚至在我需要母乳喂养的时候。

记得爸爸说，妈妈在生下我不久，还处于坐月子的期间，就跟着领导跑去下乡了。那回，爸爸和妈妈大吵了一架，两人甚至到了谈及离婚的地步，连离婚协议书都写好了。后来，看见在婴儿床中熟睡的我，最终还是放弃了那个冲动且愚蠢的决定。

为了支持妈妈的事业，爸爸不得不放弃很多自己原有的坚持。那个阶段的爸爸，把全部的注意力都转移到了我的身上，仿佛我就是他的一切。每天一到下班的点就急急忙忙往家赶，在路上把菜买好，再到奶奶家把我接走。

奶奶看爸爸每天上班又累，回家还要照顾我，好几次都提出帮忙照看孩子，但爸爸不同意。爸爸的理由是，自己的孩子不管怎么样都要自己带，哪怕再累。奶奶也知道爸爸的倔脾气，便不再提，每天只负责爸爸上班的那个时间段照顾我一下。即便如此，爸爸还老往奶奶家里打电话，问我有没有哭，有没有闹，又或者哪里不舒服了。

大部分身心从事业上挪到我身上的爸爸，遭到外面人的取笑，说他是典型的家庭妇男，再加上妈妈的事业比爸爸发展得要好得多，这就更加让爸爸有种抬不起头来的感觉。长大后的我，总是跟爸爸很亲。学习上遇到什么困难了，心里偷偷暗恋哪个小男生了，甚至包括第一次来例假都是爸爸替我处理的。

我常常生病，医生说我天生体质较弱，抵抗力比一般的小孩儿差。究其原因，极有可能跟我不是母乳喂养长大的有关。因此，我对妈妈总有种说不出来的情感在里面，是一种厌恶。爸爸曾尝试着开导过我几次，但我都很抗拒地不予接受。妈妈对我的这种态度，很懊恼，更有深深的悔恨。后悔当时没能照顾我，后悔在我成长的过程中没能见证那些点点滴滴。

26 岁 房地产销售

一事一悟

父母对我们的爱有很多种，表达的方式也各有不同。不管是哪种方式的表达，唯一不变的是其中饱含着对我们深深的爱。父母有父母的难处，其实他们也想好好照顾我们，但生活在这个社会当中，注定会有很多的无奈。试着原谅自己的父母，不要让父母对我们饱含愧疚地活着。

第25件事：妈妈教做的第一道菜

妈妈是一个很会做菜的人，爸爸是一个很好客的人。这样一来，我们家常常挤满了爸爸邀请来的朋友们，然后大家聚在一起，吃着妈妈做的各色美味菜肴，非常热闹。

妈妈是一个地地道道的川妹子，而爸爸是北方人。为了照顾爸爸的口味，妈妈在做菜的过程当中尽量少放辣椒。可即便如此，爸爸还总是说辣。我大概是继承了妈妈爱吃辣的基因吧，每次在爸爸被一道菜辣得汗水直冒的时候，我却一个劲儿地说："好吃！好吃！"妈妈有很多保留川菜，比如水煮肉片、麻辣鱼，还有麻婆豆腐。爸爸虽然不太能吃辣，但这几道菜，却是不管再怎么辣，也一定要吃的。爸爸往往是一边拿毛巾擦着一颗颗汗珠子，一边吃着菜，还时不时地喝水解辣。

那天，家里来了一位叔叔，听妈妈说是爸爸中学时期的同学，更巧的是二人念大学的时候还在同一座城市，关系特别好。大学毕业后，各忙各的，联系渐渐少了。吃饭的时候，叔叔对妈妈所做的菜是狠狠地夸奖了一番。同时也不忘跟爸爸开玩笑，说爸爸是上辈子修来的福，娶了这么好的媳妇儿。饭桌上，叔叔跟我之间进行的聊天，倒是让我印象深刻。

叔叔说："小丫头，妈妈做的菜这么好吃，学会了几道啊？"我扁着嘴回答："一道都没有学会啊！"叔叔拍着我的脑袋说："那可不行啊！丫头！妈妈的这些手艺以后还得靠你发扬下去啊！"说完，爸爸妈妈还有叔叔都笑了。

后来，想想叔叔说的话也蛮对的，于是我缠着妈妈，让妈妈教我做菜。妈妈见我如此好学，也很是高兴，掐掐我的小脸蛋说：“好吧！妈妈就教你做麻婆豆腐吧！这是外婆教会妈妈做的第一道菜，现在，我教你做的第一道菜也是麻婆豆腐。好不好啊？”我高兴得边跳边说：“好啊好啊！”

这周周末，妈妈带着我去到菜市场，采购做麻婆豆腐的食材：牛肉、葱、姜、豆腐等。回家之后，妈妈让我先把买回来的牛肉清洗完毕，然后将其剁成碎末，放置在一旁备用。接着再把豆腐切成方块，泡在水中。然后再把姜切末，青葱切段。等这些东西都备好了之后开始热锅，倒油。最先下锅的是牛肉，把切成末的牛肉进行煸炒，将其多余水分炒干。同时放入豆瓣酱、葱、姜末和豆豉等作料，翻炒到牛肉变色的时候加入水、酱油和料酒。豆腐是最后才下进去的，因为豆腐比较容易熟，所以这个时候用小火进行慢煮，待豆腐入味后用湿淀粉进行勾芡，淋上青蒜、花椒，最后进行装盘。这样，一盘香喷喷的麻婆豆腐就做好了。

我把这道菜端到爸爸面前，让他来当评委，看看在妈妈这位高师的指导下，我做的麻婆豆腐是否符合要求。

25 岁 学生

一事一悟

我们的长辈，特别是照顾我们日常饮食的妈妈，凭着多年的烹饪经验，一定有着很多绝活。妈妈学会的第一道菜是什么呢？妈妈教会我们的第一道菜又是什么呢？向妈妈请教，把那些妈妈的绝活继续传承下去，让那些味道不至于遗失掉。

第26件事：荷包蛋是这样煎成的

关于鸡蛋的做法，不外乎煎荷包蛋、茶叶蛋、白水煮鸡蛋，再稍微感觉有点花样翻新的就是番茄炒蛋、韭菜炒蛋或者是香椿炒蛋。其中，最为经典的大概要算煎荷包蛋了吧。

我会形成这样的意识，大概同我从小到大每天早晨吃妈妈亲手煎的荷包蛋有关。在我小的时候，不喜欢吃鸡蛋，对鸡蛋特有的那股腥味受不了。妈妈为了保证我的营养，尝试了各种鸡蛋的做法，最后发现，只有煎蛋这一形式让我还可以勉强接受。

早餐时间，雷打不动的是一个煎鸡蛋，然后就是时不时混搭其中的小米粥或者面条，再配之以牛奶。其实，妈妈做的煎蛋面是我最喜欢吃的。在煮好的面条上搁上一片煎蛋，再撒上少许葱花，香气扑鼻，好几次让我从睡梦中被引诱着清醒过来。

通常情况下，妈妈做什么，我就吃什么。每次醒来的时候，早餐一般都做好放餐桌上面了。因为每天早餐必见的食物是煎鸡蛋，所以对煎鸡蛋所引发的思考自然要比别的食物多得多。吃着煎鸡蛋，我常常会想，煎一个鸡蛋，难吗？

对啊，难吗？我问过妈妈几次，妈妈总笑着说：“要想做好一件事，只要你认真对待就不难。如果你不用心，那就难。不用心做，最后的结果往往是什么也做不好。”

对于妈妈的这番回答，我常感觉索然无味。我缠着妈妈，要她教我煎荷包蛋，只是每次我都不能在妈妈做那道经典的煎蛋的时候醒过来。错过几次之后，在一个周末的早晨，我早早地起床，走到妈妈床边说：“妈妈，起来教我煎鸡蛋了！”

经过妈妈的认真教授，我深深地觉得煎鸡蛋其实也是一个技术活儿啊！一个漂亮完整的煎鸡蛋一定要符合以下两点：一是蛋黄保持圆形不散开；二是煎蛋四周蛋白所构成的形状厚薄要保持一致，宽度也要均匀。我平常吃的煎蛋是双面煎，听妈妈讲还有另外一种是单面煎。两种做法的口感有很明显的区别，营养价值也会不一样。

单面煎出来的荷包蛋很滑很嫩，最上面的蛋黄并未完全成熟，而呈液体状，其营养价值保存比较完整。而双面煎出来的荷包蛋口感则以香脆为主，两面都会煎至金黄色，营养价值不如单面煎蛋。

那天早晨，学完煎蛋后，我终于回答出了困惑自己很久的一个问题，煎鸡蛋难吗？我的答案是：难！因为那天我煎破了两个鸡蛋，煎破的原因是不懂得如何巧妙地翻锅。为了惩罚自己，我把那两个煎破了的鸡蛋统统吃进肚子里面。好在第三个鸡蛋我还是煎得蛮漂亮的，第三个煎蛋送给了妈妈。

早晨时间，我用伪装出来的成熟口吻说：“妈妈！以后早晨煎鸡蛋的任务就放心地交给我吧！”妈妈开心地说：“好啊！看来你长大成熟的标志是因煎鸡蛋开始的啊！”说完，我们母子俩相视着大笑起来。

29 岁 机械工程师

一事一悟

我们的舌头，总会记录下某种熟悉的味道。这味道或许是因为我们偶尔吃到的一种食物所引发的，又或者是每次餐桌上出现频率最高的一道菜。在父母为我们做这道菜的时候，我们应该趁早去学会，不要让那熟悉的味道只留存在记忆当中。

第27件事：普洱茶的滋味

父亲是一个很爱喝茶的人，在众多茶当中，最爱喝的当属普洱茶。小的时候，每天晚饭过后父亲一定会准备一整套的茶具，拿出压制成饼的普洱茶，用普洱刀轻轻柔柔地撬开，然后放在赏茶盒当中。父亲泡茶动作有着男人的洒脱，同时也不乏男子汉的柔情。把普洱茶放在温好的盖碗当中，用刚刚烧至沸点的水沿着盖碗边缘缓缓地注入其中，再盖上盖子，停留那么几秒钟，让还在沉睡中的普洱茶渐渐苏醒过来。

普洱茶按照制法的不同分为普洱熟茶和普洱生茶。父亲爱喝的是熟茶。父亲说，熟茶属于发酵茶，喝了具有暖胃的功效。每次看见泡茶的茶汤放置在透明的玻璃茶海中，那鲜亮的红色，伴随着飘上来的袅袅热气，看着就让人觉得馋。我们一家人常常围坐在一起，边看父亲泡茶，边闲聊这一天所发生的事情，分享那些或快乐或悲伤或忧愁的瞬间。

在我结婚的时候，父亲送了一整套精致的茶具给我当嫁妆。父亲说："泡茶的过程其实是一个让自己静心的过程。好的陈茶如同一位历经沧桑而又最终沉淀下来的智者一样，看似平淡，细细品味，滋味永远回味不穷。"父亲希望我结婚后能常常给自己的婆婆和老公泡泡茶，一家人在品茶的过程当中体会家庭的那份温暖与爱。

不知不觉，我已结婚快10个年头了。这天，收拾屋子的时候打开储物间，忽然发现了父亲送我的那套茶具，茶盘、茶托、盖碗等摆放整齐，只是上面已落满了灰尘。说来惭愧，结婚后的前两年我还饶有兴趣地给夫婿一家泡泡茶，后来随着工作的忙碌，这套茶具被我请进了储物间。如果不是今天收拾屋子，大概它还会继续被我遗忘下去。

如今，一家人坐在一起吃饭的时间都很少了，更不要提喝茶。我亦懒得安安静静、完完整整地坐在那里泡一壶功夫茶了。平常大家想喝茶了，就随便拿一个杯子，将茶叶投在杯中，倒入开水即可。很多时候虽然明白这种泡法对茶叶是一种浪费，但都懒，也就将就着喝吧！

不过，这么多年来，父亲却一直保持了每天泡功夫茶的习惯。回娘家时，我还是爱坐在父亲身边，看他慢慢地泡茶，然后品上一口，暖心暖胃。父亲常常跟我说：“你们年轻人就是急，什么都讲速成，但生活不应该这样去过啊！慢下来，细细品味生活当中的趣味和它所赋予我们的美感。只要用心体会，你就能感受到生活啊，人生啊都是美的。”

之前，我常常不能体会这番话的真谛，直到最近身边一个很好的朋友去世，才让我开始思考人生。这朋友是从小就认识的，跟我差不多大小，是一个事业心很强的人，一年三百六十五天，有三百多天是在飞机上度过的。朋友是因为癌症逝世的。死之前，我去看过他，他同我讲了很多，除了对朋友的离开感到惋惜外更让我深刻体会到了父亲那番话的含义。

这天，我把那套茶具好好地清洗了一番，然后放置在客厅中，给父亲打了个电话说：“爸！晚上有空吗？过来喝茶啊！”

33 岁 茶叶销售员

一事一悟

父亲的话，犹如一杯沉香普洱茶的滋味，颇具韵味。喝时或许没太多感受，但通过细细品味，才发觉回味无穷。普洱茶的滋味，父亲的话，如同沉入心底的那杯茶，回甘不尽。当我们真正体悟到了这其中的真谛的时候，别忘了告诉一直担心你的父母。

第28件事：妈妈奖励的一道菜

最近看新闻，说是沈阳市公安局皇姑分局龙江派出所在接到群众举报后，查获了一个非法生产销售有毒豆芽的窝点。从这个地方销售出去的毒豆芽含有大量激素和有害添加剂：亚硝酸钠、尿素、恩诺沙星等。恩诺沙星属于动物专用药，禁止在食品当中添加进去。亚硝酸钠被人食用过后会致癌。

看了这则新闻，不免觉得恐慌。食品安全看来实在是一个很让人头疼的问题。一个点被灭了，还有无数个点藏匿在社会中的某个角落。这些不法商贩，赚着黑心钱，不知不觉毒害着人们的身体。

说到豆芽，不免让我想到妈妈奖励我的一道菜。小学二年级的时候，生物老师布置了一个作业，那就是自己动手制作绿豆芽。绿豆芽是一种对人体十分有益的蔬菜，当中富含大量的维生素C，听老师讲，绿豆芽还可以帮助减肥。我猜妈妈一定会很喜欢的，因为妈妈总是怕长胖，平时吃饭的时候吃一点儿就放下筷子。

一进家门，我就把老师布置的任务告诉了妈妈。妈妈摸着我的小脸蛋儿说："好吧！"然后就带着我到小区附近的菜市场买了绿豆。当时，老师只在课堂上布置下来了这个作业，并未告诉我们具体怎么操作。一开始我还犯愁，却不想原来妈妈会做。跟妈妈一起买回绿豆之后，妈妈把制作过程写在一张小纸条上面，然后让我按照上面的步骤进行制作。

根据提示，我先把买回家的绿豆洗净，接着放到一个准备好的干净的器皿当中，加入一定量的温水，水量至少要没过绿豆。待把这些做好之后，将其放在一个通风干净的环境里面。第二天就能看见之前放置的绿豆每一颗都绽开小嘴，仿佛在对着我微笑一般。这个时候拿一块干净的白纱布盖住这些小豆。在制作豆芽的过程当中温度也是一个关键性因素，最好保持在 20 多度左右。

过个大概四五天的样子，新鲜的豆芽就制作好了。拿一根放在手上，别提多有新鲜感了。我赶紧抓了几根拿到妈妈面前。当时的得意神情至今记忆犹新。

那天晚上，在餐桌上面多了一道菜——凉拌豆芽，是妈妈给我做的。妈妈说："这道菜是奖励你的。老师布置下来的作业你完成得很好啊。妈妈只是给了你一个步骤提示，是你按照上面的内容独立完成了任务，所以值得嘉奖。"说完用手中的筷子夹起几根豆芽，送到我的嘴里，说："赶快尝尝你自己的劳动成果吧！"

这段尘封多年的记忆在看完毒豆芽的新闻过后被翻了出来。工作后的我常常忙于各种应酬，基本不回家吃饭，妈妈做的饭菜也早就忘了是什么味道。儿时记忆当中，那道奖励的菜，已经忘了是什么滋味。于是赶紧拨通了妈妈的电话，说：“妈！今晚有没有奖励我的一道菜呢？”

妈妈听完，用假装生气的玩笑口吻回答：“有！笋子炒肉！臭小子，这都多久没回家陪妈妈吃饭了！”

28岁 电台播音员

一事一悟

小的时候，因为我们考试成绩优异，又或者做了某件让爸爸妈妈高兴的事，最后奖励了我们一道菜。关于那道菜的记忆总跟甜蜜和幸福相关联。长大成人后，我们有多久没有陪家人一起吃一顿饭了？赶紧给家里打个电话，问问今晚奖励的一道菜是什么吧？

第29件事：被丢落的蛋糕

我们家的人出生日期很奇怪，全部集中在12月份。因此，每年的12月份成了家里的蛋糕季了。12月7号是爸爸的生日。12月15号是妈妈的生日。我的生日在月末，12月30号那天。所以，在一年中的第12个月份，我可以吃到三个生日蛋糕。

那个时候的生日蛋糕远没有现在的这般美味与多样化。口味、大小、花式，这些都是固定好了的。连外包装都出奇地相似，下面是粉红色的塑料壳做的底座，上面罩一个透明的塑料外壳，买的时候，用一根漂亮的丝带给你系上，并打一个蝴蝶结。

生日蛋糕通常都是在烤好的蛋糕外面覆盖上一层奶油，口感相较现在的鲜奶油要硬很多。然后再在白色的奶油底层上面堆几朵花、几片叶子上去。这花与叶子也是奶油做的，估计加了一些食用染色剂吧。

就因为我们家里三个人的生日离得很近，所以，谁的生日也不会被遗忘。其实，不管是谁过生日，最忙的那个永远是妈妈。生日那天，先是把我和爸爸喜欢吃的菜买好，然后再到蛋糕店里面买蛋糕。之后就在厨房里忙活上大半天，等我和爸爸回家的时候，就可以直接吃饭、点蜡烛、切蛋糕了。每年生日如此，即便是妈妈自己的生日，也是她自己在忙着。

后来，我因为念书的缘故，离开了老家，每年生日便不能同爸爸妈妈一起过了，只是到了那天，互相在电话里面问候几句。虽然没有了爸爸妈妈在身边陪我一起过生日，却多了很多好朋友。他们总是很贴心地在那天为我订做一个新鲜的奶油蛋糕。可不知为何，我却异常怀念小时候同爸爸妈妈一起过生日时吃到的那种味道的蛋糕。为此，我常常打电话向妈妈抱怨，妈妈总笑着不语。

今年 12 月 15 日，刚好是我休年假的时候。那天，我特意回家，想陪着妈妈过一个生日。好多年都没有陪妈妈过生日了。为了给家里一个惊喜，我没提前给家里打电话，而是先在蛋糕店订做了一个漂亮的生日蛋糕，草莓味道的，我猜妈妈一定会很喜欢吃的。

提着蛋糕，我兴冲冲地往家走，进家门的时候，发现屋子反锁着。我取出家门钥匙，好久没用这把钥匙开过门了，试了好几次才勉强打开。进屋后发现屋里一个人都没有，我拨通了爸爸的电话，问："爸！你现在在哪儿呢？"

爸爸说："你妈刚才突然晕倒，现在正在医院里面急救呢！"挂完电话，我赶紧朝医院冲去。到了医院，看见守在急救室外的爸爸，一脸焦急的神情。爸爸告诉我："你妈妈今天一大早出去买菜订蛋糕，在蛋糕店忽然晕倒了，还是店里的工作人员把她送往医院的。"

爸爸看见我手里提着的东西，问："你这是什么啊？"我一看，原来赶来的时候太匆忙，蛋糕一直被我提着没有放下，盒子里面的蛋糕在我跑的过程当中全糊掉了。好在，抢救过来的妈妈没事儿了。

只是这个已经面目全非的蛋糕最终被丢落在了垃圾桶内。

30岁 外企经理

一事一悟

童年时期，爸爸妈妈为我们过生日时买的那个奶油蛋糕的滋味，现在只能拿来回味了。我们的生日，其实就是妈妈的受难日。在我们每年快乐地过着生日的时候，请记得生育我们的妈妈。

第 30 件事：爸爸泡的茶

爸爸是一个很爱喝茶的人，我很小的时候，就常常被爸爸带到茶艺馆里面去坐上半天。只是，我常常因为坐不住而四处乱跑。只记得在茶艺馆内，总有穿着古色古香的茶艺师坐在那里为我们泡茶。茶艺师在泡茶过程当中所用到的那些小玩意儿，我总喜欢跟着摆弄几下，但每次都在爸爸的厉声训斥之下停了手。

爸爸不仅爱喝茶，也爱泡茶。家里有足足一面墙的茶，其中包括红茶、乌龙茶、绿茶、普洱茶、武夷岩茶、凤凰单枞等。这么多茶，只有一小部分是爸爸自己买的，绝大多数都是爸爸的朋友们送的。

爱茶之人大多也好结交朋友，所以以茶会友更是常有的事情。在这些茶当中，爸爸最爱的当属他一个台湾朋友送的梨山茶。梨山茶属于台湾的乌龙名茶，产自全台湾海拔最高的高山茶区。爸爸只会在家里来了什么重要客人的情况下才拿出来喝，平日里，一般都舍不得。

记得大学毕业后，在老家找了一份比较稳定的工作。那工作上班时间比较闲散。于是就想着找点生意来做做，却不想没找对合伙人，被人给骗了，心里自然不悦。那合伙人也莫名其妙地消失了，打电话不接，发短信不回，连之前去过的他的家里都被搬空了。

当时年轻气盛，总想着一定要把那个骗了我的合伙人给找出来，不然实在难泄我心头之恨啊！为把这口怒气给出了，每天上班我也不好好工作了，拿着手机就跟认识的朋友们联系，让他们帮忙打听那个骗子的下落。有天，正在打电话的时候被领导给发现了，狠狠地批评了我一顿。

带着沮丧的心情回到家里，看见爸爸正在摆弄着茶具，看样子估计是准备泡茶了。在进家门的那刻，招呼了一声爸爸，爸爸让我过去喝茶，于是我在爸爸身旁坐了下来。出乎意料的是，爸爸拿出梨山茶。我问："爸！今天是不是有什么重要的客人要来啊？"爸爸说："不是，这茶是专门泡给你喝的。"我摸了摸脑袋，不知道爸爸的葫芦里卖的是什么药。

在爸爸的几番摆弄之下，第一泡茶就出汤了。在品了一杯之后，爸爸问："你觉得这茶怎么样？"说实话，喝梨山茶的机会不多，只是在有重要客人的情况下才会跟着喝上那么一壶。喝惯了其他茶的我，对于这款梨山茶还真不好评价。说实话，还有点失望，总觉得味道太淡了。

我向爸爸传达了我的意思，只见他沉默半晌，说："其实，一杯真正的好茶，刚喝起来味道清清淡淡的。慢慢地，你就能很好地体会到它所带来的那份回甘。梨山茶的香气淡雅，回甘后劲十足。你再喝下一泡试试？"

说完，给我斟了第二杯茶。我学着细细体会父亲的话。这时，父亲突然停止泡茶，站起来，用他坚实而有力的手拍着我的肩膀说："年轻人，千万不要心浮气躁！一个有好品格的人就如同这杯好茶一样，韵味悠长！"

我明白了父亲所讲这番话的意图，默默地点了个头。

29岁 行政人员

一事一悟

爸爸泡的茶，茶理即人理。通过在泡茶、品茶以及论茶的过程当中去体味人生百态、社会辛酸。爸爸的话，虽不多，但却句句暗含需要我们多年后才能体会到的人生哲理。喝爸爸泡的茶，听爸爸讲的话，相信爸爸的历练对我们的人生肯定有着很好的启迪作用。

第 31 件事：那满满一桌团圆饭

相较于如今大行其道的各种外国节日，比如圣诞节、情人节、万圣节等，我更偏好中国的传统节日。这可能跟我骨子里偏传统有关。然而在这么多的传统节日里，我最喜欢的是春节。不仅因为在大年三十晚上可以品尝到满满一桌丰盛的年夜饭，还因为这一天是全家团聚的日子。这种感触是随着年龄的增长才会有的，年少时期的我并不能很好体会。

春节时，最忙碌的要属妈妈了。小时候，大家工作生活差不多在一个城市，住的也是单位里面分的房子，所以总能很快聚在一起。

我们家是四川的，所以家里每逢过年就会有香肠腊肉可以吃。这些东西，在春节前几个月，妈妈就开始张罗准备了。临近春节，又得忙着置办一些年货。好在每年都有爸爸在一旁协助妈妈完成这一系列的准备工作。虽然，爸爸的协助实际上并不能给妈妈减轻多大的工作量。

家里的团圆饭，一定要有香肠、腊肉之类的。除此之外，鸡、鸭、鱼、肉也是样样少不了的。关于鸡，妈妈最擅长的做法是酸辣鸡。将鸡切块，然后放到烧热的油锅里进行爆炒，等快好的时候加入妈妈秘制的酸萝卜、酸姜、酸辣椒等。这道菜是我在大年三十那桌团圆饭当中最期待的一道菜了。然后吃鱼的话则意味着年年有余，所以也是必不可少。对了，妈妈还会买一只乌鸡，熬一锅鸡汤，并把仅有的两只鸡爪留给家里最赚钱的两个人吃，寓意来年就像鸡爪一般，把钱抓得牢牢的。

过往的春节可热闹了。爸爸妈妈都是好客的人，亲戚们都爱聚集在我们家过，所以，儿时的春节充满欢声笑语，还伴之烟花爆竹声。只是，随着家中发生的一些变动，这样热闹的景象便只存在回忆当中了。虽然，那一桌团圆饭内容不变，但因为人数变少了，所以我们三个要吃很多天才能把它给消灭掉。

后来在外念大学，在学校里谈了场恋爱。有一年放寒假，临近春节了，我给家里打了个电话，告诉爸爸妈妈今年不准备回家过年了，决定跟着男朋友回家过年。电话那头的妈妈沉默不语。我能感受到妈妈当时心情的沮丧与失落。

大学毕业后工作的城市，离老家也比较远。在外漂泊的我每天除了工作再没有其他。我如同一只上了发条的机器一般只知道工作。小时候总是盼望着过年，现在是愁过年。愁的是离家太远，春运所带来的交通压力让我好几次都给家里打电话说不回家过年了。

今年，我又懒得回家，拨通电话，妈妈先是一如既往的失望，然后在电话那头语重心长地说：“每年的团圆饭，我都一样不少地准备在那里。哪怕有时候我也累了。可是想到这个家，想到你们，我就觉得，我一定要做下去。”说完，妈妈挂断了电话。我在听完妈妈的这番话后，犹如被扇了一巴掌，心里无比难受。

26 岁 银行职员

一事一悟

每年的团圆饭是家人团聚的日子，对于一个家庭而言，其意义自是不用多说。在外漂泊，不管再累再忙，记得回家吃顿妈妈亲手做的团圆饭。对于渐渐老去的父母而言，我们回家，就是他们收到的最大的喜讯。

第四章
悔不当初：
那些需要我们认错的事件

第32件事：父亲给的一巴掌

45分钟的数学课终于结束了。拖着略微疲惫的步伐，我走进了办公室，坐在自己的办公桌前休息。这时，一位家长走了进来。他是高一（三）班一名同学的父亲，他儿子在班上一直都很调皮，所以该家长在办公室出现的频率颇高，和我们这些老师也渐渐熟了起来。

这次被叫过来，估计又是他儿子犯了什么错吧。以前，该父亲只是跟着老师训斥他儿子几句；这次，这位父亲的反应倒是把我们这帮老师都给吓到了。他在所有人面前狠狠地给了他儿子一巴掌。开始我们都很纳闷，这回到底犯了什么错？事后听三班班主任讲，原来这次有人怀疑那学生偷钱，证据还很充分。孩子父亲认为，平常调皮捣蛋闹个什么事还可以原谅，但偷钱却是一件大事，这是令孩子父亲所不能接受的原则性问题。

在办公室里，那位调皮学生的父亲给他的那一记巴掌响亮而有力。随着响声我的思绪也被带回到了我小的时候——父亲给我的一巴掌。

父亲也是一名高中数学老师，同时还担任着所带班级的班主任这份职务。所以，我现在算是子承父业吧。从小到大，父亲都是以严父的形象出现在我的面前。

父亲工作很忙，忙着所管班级里面的事情。事虽不大，但繁杂，常常忙得脱不开身。因此，我跟父亲相处的时间不多，倒是母亲一直在我的身边照顾我。

母亲的爱，温柔而细腻，在父亲看来更多的是一种溺爱。父亲的爱，严肃而大气，常常只需要一个眼神，我就明白父亲肯定又在生我的气了。

母亲常宠我，父亲又老不在家，所以在我的身上总有着那么一股娇气。很多时候都是由着自己的性子来，不顾他人感受。即使意识到自己错了，也不会低头认错。相反，还理直气壮地在那里为自己辩解。

每当这个时候，父亲总会意味深长地叹一口气，然后无奈地对着母亲讲："看看！这就是你惯出来的结果。"母亲对于父亲的责备通常都回一句："那你怎么不看孩子啊？孩子长这么大，哪一天不是我在照顾啊！"

母亲的这句话很奏效，每次说完，父亲就会心生惭愧。但他工作太忙了，即使有那个心想管我，也没那个时间。

高中的时候，我因为跟班上的一个女生之间发生早恋，因此班主任把我叫去训话，让我把父母叫到办公室来一趟。因为我所就读的学校就是父亲授课的那所学校，父亲得知这一消息后，第一时间赶往了我们班主任的办公室。在了解了具体情况之后，父亲让我先回家，自己还要上课，晚上再说。

放学后，我背着书包独自回家。起初，并不认为这是一件很严重的事情，是父亲回来后的反应把我给吓到了。父亲进门后先是跟母亲在卧室讨论了很久，然后走到我面前，问我知道错没有。

我一脸傲气地冲父亲吼："不就是早恋嘛，有什么错可言，我这是对爱情的执著与热烈追求！"话语刚落，"啪"的一声，父亲给了我一巴掌。挨了这一巴掌，我夺门而出，离家出走了一夜，后来还是被父亲给找了回来。

父亲的一巴掌，在成人后的我看来，实在是一份深层的爱的表达啊！

33 岁 中学老师

一事一悟

在我们儿时的记忆当中，大概很多人都会有关于父亲给的一巴掌的片段回忆吧！父亲的爱，永远都是那样沉重，常常在我们即将误入歧途的时候，以特殊的方式将我们硬拉扯回来。父亲的那记耳光，或许我们还记得，可记得的不是对他的那份怨恨，而是父亲在我们成长途中所给的爱。所以，不要忘记对父亲说句"谢谢"吧！

第 33 件事：母亲的眼泪

"每个孩子的生日都是母难日。"这话不知在哪里看见的，但对我来说印象深刻。特别是自己做了母亲的时候，更能体会其中的含义。

我现在有一个10岁的女儿，女儿是剖腹产生下来的。当护士把呱呱坠地的女儿抱到我怀里的时候，我就这样静静地看了她一夜。做母亲的滋味在那一刻是最为明显的了。

据我母亲讲，我出生的时候也不消停。因为个头比较大，母亲在头一天晚上羊水就破了，但我一直躲在她的肚子里面毫无动静，又碍于当时医疗条件的限制，还没有剖腹产这回事，母亲很早就上了产床等待着我的降临。

我出生的时候正好是冬天，母亲所待的预产房里没有暖气，她一个人在冰冷的产房内冻得瑟瑟发抖。外婆赶紧从家里拿了床棉被来给母亲披上。直到早晨6点钟的时候，我才乖乖地从母亲的肚子里钻出来。听外婆讲，母亲在生我的过程当中，痛得牙齿都咬出血了。

别看我是个女孩子，小时候可没让母亲少操心。用母亲的话来讲："生性顽劣，比男孩子还要淘气！"那可不，外表看起来文文静静的我，爬树比男孩子都爬得高，翻墙比他们都翻得快。读书的时候，我也是班上被老师点名叫家长次数最多的一个学生。母亲是做会计的，平常工作很忙。单位里同事们的孩子学习成绩优异的不少，听话懂事乖巧的就更多了。唯独我，是她单位里面出了名的小淘气。

回想起那个时候，母亲每天推着一辆自行车下班回来，经过小区大门的时候，被门口的阿姨拉着抱怨半天，说的大概都是关于我趁母亲不在，干的那些调皮捣蛋之事。可是，母亲却从未对我发过火，只是很平静地教育我一番。

第一次看见母亲的眼泪，是我考上大学离家的那一年。母亲为我收拾好行李，送我上的火车。在火车启程的汽笛声鸣响的那一刻，我透过车窗，看见母亲正在偷偷擦拭眼角的泪。

在我的记忆当中，这是第一次看见母亲哭。母亲是一个很坚强甚至可以说很强悍的女人，男儿有泪不轻弹，母亲的眼泪也从不轻弹。

母爱如同一根风筝线一样，不管我们飞得多远、多高，只要母亲拉一拉手中的风筝线，就能将我们召回。但是，怕就怕风筝断了线。

工作后的我，认识了一个很喜欢的男生，再后来二人分手，但我却有了孩子。我固执地一定要将小孩生下来。所以，我现在的女儿没有爸爸。女儿生下来的那天，我第二次看见母亲的眼泪。那次，我也哭了。

做了母亲的我，才切身体会到了母爱的伟大，还有做母亲的不易。因为我平日里忙于工作，所以，在女儿很小的时候，大部分时间都是母亲在帮忙带。

女儿跟外婆比跟我这个妈要亲得多。等女儿长大后上学了，母亲也就回到了老家生活。倒是女儿每年的生日，母亲都会打电话过来问问，还不忘叮嘱我给女儿买好吃的。

这天，刚好是女儿 10 岁的生日，我带着孩子买了张回老家的车票，准备和母亲一起给女儿过生日。回家的那刻，看见母亲两鬓生出的华发，心里说不出来的滋味。母亲为这个家所操的心，嘴上虽未有过抱怨，但这当中的辛酸有多少我都明白。

35 岁 老师

一事一悟

母亲的眼泪，在流下来的那刻，仿佛滴落在了我们的心头。纵使我们在外面犯了天大的错误，家是我们永远的避风港。当我们带着满身伤痕出现在母亲面前的时候，等待我们的不是她的一顿责骂，相反的是一个暖暖的拥抱。别让母亲再为我们哭泣！不要做那些再让母亲伤心的事。

第34件事：父亲的新女友

我是单亲家庭出生的孩子，母亲在生我的时候因为难产死了。当时，医生问在产房外守候的父亲，是先保住大人还是保孩子。父亲毫不犹豫地说保大人。但在产房内的母亲却执意要保住孩子。最后，在我出生的那刻，母亲永远地离开了我们。不知为何，我始终觉得自己是那个送走母亲的凶手。

我是父亲一把屎一把尿给拉扯大的。在人家躺在妈妈的怀抱里，幸福地吮吸着妈妈甘甜的乳汁的时候，我只能蜷缩在父亲的臂膀里，吃着父亲从市场上买来的冲泡好的奶粉。在人家晚上捏着妈妈的耳垂，听着妈妈讲一个个生动有趣的小故事的时候，我只能和父亲挨着睡。在周末一家三口聚在一起出去踏青的时候，我只能和爸爸独自在附近的公园里面溜达。母爱是什么？我从来未曾体会过。

在我的世界里，只存有父爱。母亲去世以后，父亲一直没有再娶。当时倒是有很多人想给父亲相亲，据说好多条件还很不错，但都被父亲一口回绝了，连面都没有见过。父亲说：“孩子还小，现在再婚还不是时候。”

母亲走后，父亲把外婆当自己的母亲一样对待。逢年过节什么的，一定提着水果以及各种营养滋补品送到外婆家，还买好菜，亲自下厨给外婆做一桌丰盛的菜肴。外婆常对我说：“你妈妈没福气，嫁了个好老公，却不能相守到老，年纪轻轻就这样去了。”每次说完，外婆还不忘抹一把眼泪。

转眼间，我已经长成一个大姑娘了。上大学的时候，还是父亲送我去的学校。一直和父亲生活在一起，突然之间远离父亲，还是很不习惯。除了每天一个电话打回家之外，节假日也是拼命往家赶。

还在学校的时候，就听外婆说要给父亲找一个对象，我没发表任何意见，但心底是很不乐意的。“十一”长假眼看就来了，我收拾好东西，买了车票就往家赶。没想到在进门的那刻，居然看见一个女人在家里。爸爸介绍说：“这是谢阿姨，在小学教语文。”说完，爸爸有点尴尬地走进厨房，说是为我们准备晚餐。

那天晚上，我们三个人在一起吃了顿饭。我的不乐意一直表现在脸上，所以，整顿饭吃下来气氛有点尴尬。长假过完，我就返校。

这天，刚刚在学校吃完晚饭，就接到外婆打来的一个电话。电话那头的外婆用愤怒的语气训斥了我一顿，大意是指责我不应该阻止我父亲寻找幸福。并且，听外婆说，父亲为了我，把好好的一门亲事又给推了。

接完电话，我独自走在校园的操场上，边走边回忆长这么大，父亲为了我付出得太多，然后不禁蹲了下来，反问了自己一句：“我是不是太自私了？”

26岁 销售

一事一悟

父母也有追求幸福的权利，多为父母考虑考虑。在我们成长过程当中，父母是否放弃或者是牺牲掉了他们本应去追寻的幸福。我们应该支持父母大胆地去过他们想要的生活，而不是过分依赖父母，让他们的情感受到束缚。

第35件事：桌脚的酱油瓶

我们一家人，都爱吃饺子，但吃法各不相同。妈妈喜欢吃的是水饺，饺子和汤都盛在一个碗里，放点油放点盐在里面，上面再撒上几粒葱花。我喜欢吃煎饺，将饺子外皮用一点点油煎得黄黄的，咬上一口，香香的，酥酥的。外面的酥皮连同里面的馅儿流出来的汁，放在嘴里，对我而言，简直是人间美味啊！

爸爸吃饺子的方式比较特别，他喜欢煮好的饺子蘸着酱油一起吃，每一口下去，还要就着一小口蒜。爸爸说这种吃法是他当年一个人待着没事儿研究出来的。因为没事儿，所以就想寻求一点儿刺激，他享受那种辣得酣畅淋漓、满头大汗的快感。

小时候，家里面的饺子都是自己包的，不像现在动不动就是在外面买速冻饺子来吃。我记得每当妈妈说出明天吃饺子这句话的时候，我一定会在旁边欢呼雀跃半天。

和面是一个技术活。通常情况下，晚上吃饺子，妈妈上午就要开始和面。和好的面放在那里，让它有一个“饧”的过程。接着就要开始准备馅料了。如果三个人吃，差不多准备半斤多的肉馅就够了。然后往剁好的馅儿里面依次放入盐、酱油、油、醋、胡椒粉等作料，再慢慢进行搅拌。

妈妈告诉我，拌好的馅儿在那里放上半个小时，让作料充分进入肉里面，味道会更美味。妈妈每次做饺子，我都爱在旁边帮忙。剁馅儿是我在包饺子的过程当中最喜欢的环节。

韭菜猪肉馅的饺子，是家里最常吃到的。在这之后的揪面团、擀皮、包饺子，这些环节都是等着爸爸下班回来之后才进行的。我特别享受一家人包饺子的过程。那是一个让我充分感受到家庭温暖的时刻。

可惜，一家三口围在一起包饺子这样的场景只能存在回忆里了，因为爸爸离开了我们。那年我刚满 18 岁，妈妈还很年轻。原本幸福的三口之家，如今变得只剩下我和妈妈相依为命。我和妈妈还是爱吃饺子，想吃的时候，要么去饺子馆吃上一顿，要么直接从超市里面买来自己煮，不会再自己包。

有一次，大伯到我们家来了，妈妈打电话告诉了正在上班的我，并嘱咐我下班后早点回来。进家门的那刻，我发现妈妈居然在自己包饺子，而大伯也在一旁打下手。

自从爸爸离开了我们，妈妈就再也没自己包过饺子了。饺子煮好后，放到了桌上，妈妈给我们一人准备了一个盛了醋和香油的蘸碟。没想到，大伯问："有酱油吗？"我和妈妈都愣在了那里，大伯忙解释道："我比较喜欢拿饺子沾着酱油一起吃。"

妈妈忙从厨房里面拿出酱油瓶，还没放上桌，就已经泣不成声了。我上前扶住妈妈，开始不明白妈妈为什么会哭，后来才懂得，尽管爸爸去世这么多年了，可妈妈心里还是放不下爸爸。饺子蘸酱油的喜好，是爸爸也有的。大伯的到来，勾起了妈妈心中所不愿放下的对爸爸的爱！

那瓶酱油，被放置桌脚，而妈妈的泪，滴到了我的心头。这一刻，突然发现自己对妈妈的关心太少了。好想好好地爱妈妈，好想好好地保护妈妈。

28岁 客服经理

一事一悟

有时候，父母会像孩子一样，突然之间就哭了。特别是当他们渐渐老去之时，多花点时间问问父母有什么心事，心中还有什么放不下的，让他们在孤独寂寞之时感受到我们对他们的爱，告诉他们，我们未曾远离。

第36件事：父亲手上的疤痕

在父亲的手背上，有一条长长的疤痕。这条疤痕跟随了父亲将近二十个年头了。每当看见父亲手上的这条大约5厘米长的疤痕的时候，我心中总有说不出来的愧疚之意。

这条疤痕，是父亲为我留下的。在我7岁那年，得了一场大病。不过，这病说大也不大。在西医看来，就是动手术的事情；在旁人看来，也无非是一个手术可以解决掉的。但是在我们家里，奶奶是一个很奇怪的老太太，她不主张我动手术，平常更不主张家里人随便吃药。奶奶希望我去看中医，她觉得身体方面的毛病，能自己好的就让身体自己好；能吃药解决的，就不要轻易动手术。

她的理念就是如此。在奶奶的教育影响之下，父亲也是这样的一个人。奶奶有一个相熟多年的朋友，这人是专门研究中医的，在他的手上曾经治愈了不少癌症患者。对于中医，那人有着自己特有的理解，与外面那些江湖郎中，甚至同中医学院派都有着不同的观点与见解。

这次生病，父亲就带我去见了那位奶奶的挚友。那人平常居住在距市区偏远的地方，给人一种世外高人的神秘感。除非是比较熟的朋友介绍或者是遇见一些有缘的人，他是不轻易给人看病的。而且这人向来对那些贪官暴徒没有好感，这类患者是被拒之门外的。因为有奶奶的这层关系在，他自然乐意为我看病。经过诊断，父亲被告知说我的病并无大碍。医生开了方子，让我们回去后赶快抓药。

回到家中，我依然在床上躺着休息，父亲则忙里忙外照顾着我。

回来后的当天下午，父亲就到药店里面替我抓好了药。之前去老中医那里，我们是趁着周末的时间去的，加上前后坐车的时间，回来的时候已经是星期一了。父亲还特意打电话向单位里面请了假。

抓好药回来的父亲，还特意去买了一个药罐子来熬药。根据老中医开方时的指示，先将抓回的药放在药罐子里面浸泡一个小时，然后再拿到火上去熬，熬开后用小火煮40分钟；一剂药熬两次，分三次喝。

父亲牢牢记住了老中医的话。泡多长时间，煮多长时间，父亲都会拿个闹钟在旁边做着记录。这天，估计父亲太累了，下班本来已经很晚了，却还要拿着闹钟在旁边熬药。

药是我提前一个小时泡好的，但父亲非让我等他回来了才煎药，怕我一个人出什么事。晚上，父亲下班一进家门，就把泡好的药放到炉上去煎。大概因为太困了，药放上去的时候开的就是大火，熬了半天熬开了还是用的大火。等闹钟响的时候，父亲立刻意识到出问题了，赶紧跑向厨房。

父亲太急于抢救那一副药了，冲进厨房就用手去拿那个罐子，根本没想起熬了半天的罐子温度已经很高了。父亲的手被烫伤了。躺在床上的我听见了厨房里面的一些响动，起身朝厨房走去，见父亲把手放在水龙头下面冲着手背上已经红肿的皮肤。我问父亲："爸，怎么了？"父亲说："没什么，药熬好了，你先回屋躺着，冬天夜里冷。幸好出门前没答应让你自己熬药，万一你被烫伤了咋办？"

看着父亲红肿的手背，我备感心疼。

30岁 录音师

一事一悟

父母总是用心地好好呵护着我们，不让雨淋，不让风刮。即使前面狂风暴雨，父母也是在前面替我们挡风遮雨的那个。父亲手背上为我们留下的那道疤痕，是对我们爱的体现，谢谢父亲所给予的爱。在我们长大成人以后，不要再让父母操心，更别让父母再为我们担心。

第 37 件事：被撕毁的信

念大学的时候，我谈了一个对象，毕业后天各一方。我回了南方老家，她也回到北方。为了维系彼此间的关系，我们商定每个星期至少写一封信。那年月，电话还是很少见的。

我们一直遵守着分开前的约定。刚开始那会儿，我一个星期能收到她五六封来信，都是她在夜里偷偷写给我的。信里面的内容无不是向我诉说着对我的思念之情，以及家中对她终身大事的担忧。她在信中也不止一次地提到，家里为她找过几个相亲的对象，都遭到她的拒绝。每每念到这些句子的时候，我的心里总是很感动。

我们书信往来的关系维持了差不多近半年的时间。这半年里，我也一直在想着怎么和她见面，怎样才能创造条件，让两个人生活在一起。随着时间的流逝，我收到她寄来的信，由最初的一个星期五六封，到后来的一个星期一封，再到最后的几个星期都不能收到一封。

那阵子，我天天往收发室跑，每次都是兴匆匆地去，失望地回。我也弄不明白这中间到底是出了什么差错，好几次我都想亲自到她老家去找她。或许她已经喜欢上了别人了；或许在她父母还有周围亲戚朋友的重压下，她已经有了结婚对象了；或许她出了什么意外。种种猜测让我夜里辗转难眠。

其实，我和她之间的事，一直都是遭到家里人反对的。母亲觉得我们俩隔得太远，太不现实了，劝我断了往来。为此，也给我说过几门亲事。可我心里只装着一个远方的她，谁也容不下。

这天，我一大早就往收发室跑，却不想发现了母亲的身影。我好奇地走上前一探究竟。令我万万没有想到的是，母亲居然在偷偷拿我的信。这样一来，前段时间令我困惑的事现在终于明白了。是母亲从收发室内取走了女朋友寄给我的信，而那些被取走的信，在她看完后都给撕了。

得知这一真相之后，我怒不可遏。同母亲狠狠地吵了一架之后，就搬离了家，住到了单位分配的职工宿舍里。

我和远方的女朋友，最终也没能经住距离的考验，以分手结束了我们之间的关系。母亲之前对我说的话，得到了验证。然而，我却始终不能原谅母亲当初的那种行为。

我以拒绝回家看母亲的方式来表达自己对她的不满。母亲曾不止一次地主动到宿舍里面找过我，甚至将我的床单、被套换下来拿回家洗了。尽管如此，我对母亲的态度依然还是冷冷的。

时至今日，我同现任妻子结婚已有 20 个年头，我们的女儿也都开始念大学了。而母亲，也已经去世 8 年了。现在回想起来自己当初的那些做法，很内疚，好想对母亲说一句“对不起”。如果母亲在天有灵，可曾听到儿子的忏悔？

44 岁 厂长秘书

一事一悟

母亲以过来人的身份，会对我们的人生道路进行一些干涉。年少时期的我们，或许还不能体会母亲这种爱的方式。等我们长大成人以后，特别是也为人父母的时候，做父母的难，自然知晓了。不管父母爱的方式有多么极端，多么不被我们接受认可，我们都要试着去理解他们。

第 38 件事：算算我们用掉了父母多少钱

这一晃，宝贝女儿就到了该入托的年龄了。为找到一所合适的幼儿园，我和老婆动用了周围不少的关系，付了好几万的赞助费。这还不算，进了幼儿园以后，还有各种名目繁多的收费项目。

我和妻子的工作都不错，在政府部门上班，再加上我之前做生意赚了点儿，手头上还有一定的积蓄。只是因为女儿的这笔支出，我和老婆不得不减少一部分日常开销。比如妻子每月的着装费，我的应酬费，再比如原本计划好的旅行，家里预备添置的一些设备。

这天，正拿着计算器在那里算当月生活开支的时候，一个念头突然闪过脑海：从我出生开始，到工作之后经济完全独立的时候为止，父母在我身上究竟花掉了多少养育费呢？

周末家庭聚餐后，我郑重其事地把父亲邀到屋外的院子里。在皎洁的月光之下，我问父亲：“爸，你有算过我长这么大，你在我身上一共花了多少钱吗？”

父亲显然被我这个问题给吸引住了，或许这是一个连他自己都没有想过的问题吧。父亲狠狠地吸了几口烟，语重心长地说：“儿子，这个问题老爸还真没算过。自打你出生的那一刻起，我和你老妈的生活重心就完全转移到了你的身上。养个孩子不容易啊！”

听完父亲的这番话，心中不免有些心酸。长这么大，父亲从来没有向我抱怨过生活的不易。自打我念书开始，父亲都是选择当地最好的学校，学校里最好的班级。父亲认为一个良好的学习环境对于我的成长而言有着极其重要的作用。我平日里吃的、穿的、用的虽然不是最好的，但在学校里，那也是算中上的水平了。反正，缺什么，父亲就给我买什么。在电脑远没有现在这么普及的年代，父亲就为我配了一台电脑，方便我学习。

记忆当中，我也有过对父母的不满。母亲曾拿父亲的旧裤子为我改做了一件衣服，我嫌丢脸，怎么都不愿意穿。为此我还在家中耍赖，不去上学，以此来威胁他们。

其实，那一年应该是家里经济条件最为困难的一年。母亲下岗了，家里的经济来源一下子少了很多，仅靠父亲一人支撑。还是在这一年，奶奶病倒了。为了给奶奶看病，家里花去了不少的积蓄。

而我，因为习惯了家人在这之前所给予的生活条件，依然不懂事地找妈妈买这个买那个的，还常常因为不能遂愿而大闹一番。现在想来，当时的我实在是非常不懂事，更为自己的虚荣而感到羞愧。父母为我们用掉的何止是钱这么简单啊！

29岁 公务员

一事一悟

算算我们用掉了父母多少钱？这个问题，可能父母都没有认真算过。在我们的成长阶段，父母总是无私付出，不管是从物质上还是从精神上来讲。儿时的我们或许不懂，等到了我们也为人父母的年岁，就能深刻体会做父母的艰辛了。现在，是该我们报答父母的时候了。

第39件事：父母的承受力有多大

记忆是一个很奇妙的东西，因为连你自己都不知道所提取出来的记忆片断是真实存在过的，还是经过了一些人为的加工。或美化或丑化，皆取决于你对当年那件事的看法和期许。就好像，也许那天是下了一场雨，但你一直期望的是热辣辣的太阳。所以，多年后，再想起那天的情形，说不定记忆会告诉你：那是一个阳光明媚的日子，太阳明晃晃地照着路上来来往往的行人。

所以，当我看见父母抱在一起痛哭的时候，我又开始怀疑起了自己的记忆。

如果记忆真的没有骗我，父母在我心目中的形象应该是高大且威严的。父亲应该是一个硬汉的形象，身为一家之主，默默地为家里付出，虽然少了些许柔情，但从不缺少对我和母亲的关爱。而母亲，则应该是传统的贤妻良母形象，无声无息地操持着这个家，从不抱怨，也从不悔恨。

可就在他们眼泪落下的那刻，我才明白，原来父母的承受力并不如我们所想的那般强大。

那天是我结婚的日子，老公是一个虔诚的基督教徒，所以，我们的婚礼选择在教堂举行。婚礼当天，我穿着洁白的婚纱，挽着父亲的左臂，缓缓步入教堂。当父亲把我的手交到新郎手中的时候，我发现他的眼睛红了。在牧师用庄严的语调念出结婚誓词的时候，我瞥见了母亲在父亲的怀中抹眼泪，而父亲则将自己的脸轻轻地埋在了母亲的头发里。这次，他们都哭了。

这是我第一次看见他们哭，即使是在当年家中最困难的时候，也未见父母在我面前掉过一滴眼泪。那年，父亲做生意被骗，之前苦心经营的一家公司，瞬间化为乌有，天天都有债主上门讨债。为了躲债，父母不再送我上学。之后，母亲干脆辞掉原有的工作，到我们学校向老师请了一个月的长假，带着我回到了老家。而父亲则一个人在家，与上门要钱的债主们解释，周旋。最后，不得不宣告破产。

那不是一段好过的日子，因为全家人都活得提心吊胆。家里原有的两套房子还有两辆车，都变卖了，还清了一部分债，但还不够。破产后的父亲，为了养活我和母亲，也为了还清在外面所欠的那笔债，拼命打工赚钱，甚至推着小车到菜市场卖小吃。

在这之前，父亲是从不下厨房的。为了协助父亲，母亲也跟着父亲一起摆摊。母亲白天要上班，一下班回来就跟着父亲一起忙活。他们两个人一直要忙到夜市收摊的时候为止。生意好的时候，一天还真能赚不少钱呢。我放学回家做完功课，也会溜到市场上去帮忙。

想想那段岁月，虽然艰难，但是全家人一起齐心协力渡过难关的那种感觉，还是蛮幸福的。就是生活当中的这一点一滴，让我觉得，父母如同铁金刚一样，没有什么事是他们应付不了的。却不想，铁金刚的他们，也有如此脆弱的一面！

27 岁 程序设计员

一事一悟

父母的承受力，就是这样奇怪，生活再困难，社会再摧残，他们都可以坚强地站在那里为我们挡风遮雨，毫不畏惧。却不想在心底深处，也有如此脆弱的一面。其实说到底，还是心中割舍不下对我们的爱！

第40件事：说与不说

最近上网的时候碰到了多年未联系的高中同学，该同学曾是我中学时期的同桌。那个时候，两人关系要好，特别是在学习上，互相鼓励、互相帮助。我给她取了个外号，叫苏三，因为她姓苏的原因。

后来，因为在不同的地方念大学，所学专业也不同，联系渐渐少了。听她讲，她父亲刚刚去世。悲痛伤感之余，更给我讲了一件事，跟她父母相关的一件事。

苏三的父亲逝世那年，刚满51岁。其实，在他50岁那年，就被医院诊断出了患有晚期癌症，已经不能再接受任何治疗了，也没有办法再进行任何形式的手术了。

医生无情地对苏三以及苏三的妈妈宣告其父亲的死期——半年后。当听到这一消息的那刻，母女二人哭得快晕厥过去。晚上，二人坐在床上，相互依靠着，商量了一宿，这事到底是说还是不说呢?

第二天，两人对于这个问题，达成了一致性的协议，那就是：不告诉父亲，让他在最后的时光里和家人在一起度过一段宁静的欢乐时光。一开始，母女二人都觉得这是最好的选择。然而，就在父亲住院几个月之后，眼看最后分别的日子就要来了，二人顿时着了慌。

苏三开始觉得心里有愧，愧在没有亲口告诉父亲得的是不治之症，而且将不久于人世了。或许，当初自己和母亲未能把这一事的真相告诉父亲，只是因为缺少说出来的勇气吧。

在医院的几个月的时间里，苏三和母亲强忍住内心的悲伤，每次进父亲的病房前，先擦掉眼角的泪，然后再挂着一脸的笑容走进去。在父亲难受的时候，苏三和她母亲就在病床前不停地安慰父亲，说："会好的！很快就会好起来的！医生都说您没什么大问题，过段时间就可以出院了。"这时的父亲，总是忍着身体上的剧痛，还特别坚强地朝苏三和母亲举了一个胜利的手势，再扮一个鬼脸给她们看。

苏三的父亲是一位极具幽默感的人，这在我高中的时候就有所了解。只是，没想到在那种情况下，为了安慰家人，还保持一贯的幽默作风。听到这，我不免对他产生一份敬意。

到了后期，苏三很想对父亲说："爸！对不起，我没能告诉你实话。"但每次都是话刚到嘴边就停住了。离最后的一刻越近，她就越是说不出口。

苏三开始后悔了，后悔一开始没能告诉父亲真相。却不想，有一天晚上，父亲竟然开口对苏三说："女儿，谢谢你和妈妈陪我走完了这最后的岁月，我能坚持到今天，也都是因为你们。"

听到这，苏三顿时傻眼了。原来父亲一直都知道真相的，在她和妈妈苦心演戏的时候，父亲也在配合着她们演。不多久，她父亲真的走了。而我在网上碰到苏三的这天，刚好是她父亲的祭日。苏三告诉我，到现在她都很后悔当初在说与不说这个问题上的错误选择。可惜，一切都晚了。

其实，我倒不觉得苏三有什么不孝。只是想想，这事要是换在了我身上，我是说，还是不说呢？

32 岁 作家

一事一悟

在面对一些比较敏感的问题的时候，而我们又正好掌握了这一问题的答案的时候，我们是选择说还是不说呢？是让我们的父母知道残酷的真相，还是选择让父母在毫不知情的情况下尽量给予他们快乐呢？我们当然希望事情最后不要发生，但若真有那一天呢？我们确实应该趁发生前好好想想这个问题——说还是不说？

第41件事：问问他们在我们儿时所操的心

当我站在窗台上着急地等待着孩子放学回家的时候；当我为孩子的学习成绩不理想而焦虑的时候；当我为孩子的生活条件不够优越而担忧的时候，那一刻，我才真正体会到了为人父母的艰难。

小时候的我，是村子里出了名的淘气包，偏偏家里对我的管教又很严格，特别是父亲。

炎炎夏日酷暑难耐之时，我们这帮小孩儿最爱下河游泳了，泡在水里凉凉的，一点儿都不觉得热。但爸爸对此却是相当反对的，爸爸说：“除非是有我在场的情况下，否则不允许你私自跟伙伴们下河游泳。”每次我都扁着嘴巴，心不甘情不愿地在那嘀咕：“等你有空陪我下水的时候，夏天恐怕早就完了。”

即使是在父亲的允许之下，下到河里游泳，他也会一再告诫我，哪里水深了不能去，哪里水急当心被急流冲走。父亲的小心翼翼让我心生厌烦，心底有时还会嘲笑他是个十足的胆小鬼。直到有一天，平日里常一起玩耍的一个小伙伴，在下水的时候，不幸淹死在了河中。这一次，我们都怕了。就算是在我们这一批小孩儿当中胆子最大的那个，都不敢再背着父母偷偷下水游泳了。

在私自下河游泳这类关乎生死的大事上，父亲对我严加管教，我倒可以理解。但是，在生活琐事上，父亲对我的要求也没有半点儿放松。

父亲会像罗列家规一样一条一条告诫我：每天几点回家吃饭；吃饭的时候不能有声响；放学后最迟多久到家；晚上太晚了不能出去玩耍；不能在学校和同学发生纠纷；每个科目的考试成绩必须多少分才算达标，等等。听得多了，我也达到对“家规”脱口而出的地步。

至于违反“家规”的处罚方式，则是罚站加饿肚子。本来是只要求罚站的，但是一般站那里不许动，而且一站就是一晚上。所以，在我看来，饿肚子也是顺带进行的处罚。好在妈妈总是趁爸爸不注意，偷偷拿一个馒头塞到我的手中。把馒头藏在衣袖口的位置，等四周无人的时候就把手举到嘴巴那里，赶紧咬上一口，然后马上吞到肚子里去。

小时候，我最羡慕隔壁的狗蛋儿了。他们家父母从来不管他，几点到家，什么时候吃饭，在哪里吃，怎么吃，统统由他去。就算一天不回家，只要跟家里打声招呼就行，家里也从来不会细细盘问。

不过，如今也做了父母的我，对于狗蛋儿家的教育方式着实不敢苟同。现在想想，这是一种不负责任的教育方式，至少在我的观念里面是这样的。我对自己小孩儿的严格管教程度不亚于当年的父亲。

现在想想，有一种爱，需要我们在多年后才能明白；有一种辛酸，也是需要我们为人父母的时候才能体会。原来，父母在我们儿时操了那么多的心。

35岁 汽车销售经理

一事一悟

当我们对自己的小孩儿不耐烦的时候，不妨问问，父母在我们儿时所操的心。换个角度，就能更深刻地体会到父母的那份爱。这种爱或许在严厉或者是严肃的外包装下，被我们所排斥，甚至是憎恶。但它却如同陈年佳酿一般，永远值得回味。

第42件事：欠妈妈的一张电影票

听爸爸讲，他与妈妈的相识，源自于一部老电影——《庐山恋》。

生命总是充满了很多奇遇和巧遇。当年，这部电影上映的时候，爸爸与妈妈同时在电影院售票窗口处，一前一后地排队买票。因为排队等候的人比较多，所以两人在那个等候的空当闲聊了起来。

这一聊，发现两个居然是同行，他们两个都是做老师的，只是所在的学校不同，所任教的科目也不同。爸爸是高中语文老师，妈妈是小学数学老师。一个城东，一个城南。

《庐山恋》这部上映于1980年的电影，有“中国第一部吻戏”之称，是“文革”后国内首部表现爱情题材的电影。在这部电影当中，女主角的扮演者张瑜更是换了43套服饰。

这部电影在社会当中引起了超强的轰动效应，也难怪一向热衷于文艺的爸爸和爱美的妈妈会在电影院门口巧遇，后又因这部电影结缘。

在看电影的时候，很巧的是爸爸和妈妈的座位也是挨着的。经过几番交谈，爸爸对妈妈很是动心，随之对妈妈展开了热烈的追求。因为二人本来就情投意合，所以，没多久，爸爸就抱得美人归了。后来，爸爸与妈妈结婚度蜜月的地方更是毫不犹豫地选择了庐山。

如今，两人结婚已经将近30个年头。只是，爸爸陪伴妈妈度过的岁月不足20年。那年，一场大病夺去了爸爸的生命。在医院接受治疗期间，妈妈整日整夜地守候在爸爸的病床前。为此，眼睛一直都是红肿的。只是不知道是哭红的还是熬夜给熬红的。可惜的是，爸爸的病最终没能得到很好的治疗，撒手离开了我们。剩下的岁月里，只剩我和妈妈相依为命。

妈妈喜欢看电影，爸爸还在的时候，两个人的娱乐休闲方式就是买上两张电影票，然后美美地看上一场电影，度过一段愉快的二人时光。随着爸爸的离开，我又忙于学习、工作，陪妈妈看电影的事常常都是挂在嘴边的一句话，因为我总是没有时间去兑现。

《庐山恋2010》是当年那部《庐山恋》的延续。2010年10月5日，是这部新电影的上映时间。打开电视，轻而易举就能看见跟这部电影有关的宣传。很久没能陪妈妈看电影的我，马上打听好了这部电影的首映时间。在电影院，我买了两张首映的电影票。把电影票递到妈妈手中的时候，妈妈可高兴了。因为当年的那部《庐山恋》有太多跟爸爸有关的记忆了。

首映那天，我和妈妈早早地吃完饭，然后由我开车，载着妈妈去看电影。看电影的时候，坐在妈妈身旁的我，能很明显地感受到妈妈内心的那份激动。影片结束，我发现了挂在妈妈眼角的泪滴。

29岁 企宣

一事一悟

我们的爸爸妈妈，在人生旅途中，彼此互为人生伴侣，当其中一方突然离开，剩下一方的人生充满了孤独与无尽的凄凉。如果这个时候，我们又不能陪伴在他们身边，那份孤独感会愈加强烈。陪妈妈看一场当年爸爸还在的时候所看的电影，让妈妈感受到，爸爸不在了还有我们。

第五章
收获健康：

父母的健康是对我们最大的保险

第43件事：每年带他们进行一次全面的体检

正在黄山出差的我，突然接到妹妹打来的一个电话。电话那头的她先是哭了好一会儿，等情绪稳定下来之后才对我讲，妈妈前几天去医院检查，检查结果刚刚拿到，是胃癌，已经确诊了。妹妹强忍着内心的悲痛，终于把话讲完。接完电话的我，赶紧给单位领导请假，再把手头上的工作交给其他同事处理，买了张最快的火车票，急急忙忙地往家赶。

进门的那刻，看见坐在沙发上的妈妈，还有一脸忧伤，明显哭红了双眼的妹妹，我的心也跟着悲痛了起来，走过去将妈妈揽入怀中。之前，陪妈妈做检查的画面在脑中不断浮现。妈妈一直都说胃不舒服，但是直到一个月以前，我才从工作当中抽身出来，带着妈妈到医院里面做了一次钡餐检查。检查前，需要服下气粉，气粉就跟石灰一样，妈妈艰难地喝了一口，差点呕出来。我用手擦了擦残留在妈妈嘴角的白色粉末，在大夫的催促声中，把妈妈扶上那台检查的机器。检查结果要一个月以后才能拿到，令我们都没有想到的是，一个月后，会等来这样的结果。

第二天，我急匆匆地上了医院，先是安排了妈妈住院的事，然后找到主治医师，确定下来了手术方案。从他办公室里走出来的我，一个人站在走廊上，不敢进妈妈的病房，试图抹去眼角的泪，却发现越抹眼泪越多。好不容易等自己的情绪稳定下来，不再流泪，推开病房门看见躺在病床上的妈妈的那一瞬间，眼泪又止不住地流了下来。我走到妈妈身边，坐了下来，本就难受的妈妈，反而抓着我的手，安慰我说："既然事情已经这样，我们都坦然地用乐观的心态共同去面对这件事情，好不好？"我望着妈妈的眼睛，冲她微微一笑。

为妈妈安排的手术在三天后进行。自从得知妈妈的病情后，我就向单位里面请了假。妹妹每天一下班，就往医院赶。除了正常的上班外，妹妹推掉一切活动，全程陪护在妈妈身边。手术当天，全家都很紧张。我们在手术室外焦急地等候着。不到一个小时，负责妈妈手术的主刀医生就从手术室里拖着疲惫的身体走了出来，用沮丧的表情冲我们摇了摇头，然后说了句在很多电视剧里演烂掉的台词："我们已经尽力了。"黑暗笼罩着我们整个家，妹妹更是哭天抢地抓住医生不放。我赶紧拉回了妹妹，说："没用的，医生已经尽力了。太晚了，都怪我太晚送妈妈来检查了。"说完，我们姐妹俩抱着哭作一团。

一个星期后的早晨，妈妈安静地离开了我们。妈妈离开的时候，天已经亮了。在病床前守了一夜的我，眼睛快睁不开了。这时，妹妹刚好走了进来。妹妹说："姐，你先回去休息吧！"我揉了揉双眼，简单地回答道："嗯。好。"当我试图给妈妈盖严被子的时候，发现她已经停止了呼吸。

距离妈妈逝世的时间已经快一年了。在这一年里，我不断懊恼，要是早点带妈妈去检查该多好啊。可是，世上哪来的后悔药？

33 岁 科研所研究员

一事一悟

每年带着爸爸妈妈到医院里面做一次全面的身体检查，这是我们子女对父母身体负责的表现，也是让父母安心的一种方式。不要等到事情发生以后才在那里悔不当初。人只有一次生命，不容我们儿戏，更不容我们轻视！父母的健康我们不能忽视啊！

第 44 件事：健忘症的困惑

爸爸在晚年时期得了健忘症。

我们家有两个孩子，而我是爸爸最疼爱的小女儿。妈妈离开我们之后，爸爸做起了妈妈生前为这个家所做的事，包括：照顾我和哥哥的饮食、做家务，甚至包括有时候叫我们起床。

早些时期，爸爸是单位里有名的文艺青年。每当有什么重要节日的时候，领导总会找到爸爸，让他帮忙出几个节目。据说爸爸和妈妈还是在一个文艺演出活动当中认识的。

爸爸第一眼就被站在舞台上跳独舞的妈妈吸引住了，那个节目叫《傣族姑娘》。还在我和哥哥很小的时候，他们就向我们讲述了美好的相遇过程。我一直在想，爸爸和妈妈的爱情，从最初的一见钟情到最后的海枯石烂，实在令人称羡。

爸爸是一个很乐观开朗的人，所以即使是面对妈妈离开这件事，他也能很快地从悲痛当中走出来，甚至反过来安慰我和哥哥，说："你妈走的时候很安详，也没受太多的痛苦，我们应该快乐地生活着。这样，远在天堂的她看见也会欣慰许多。"

很多时候，爸爸是我精神世界里的一根支柱，他总是在我失落的时候安慰我，无助的时候鼓励我，彷徨的时候指引我。对于爸爸，我有着深深的眷念。

所以，当哥哥告诉我，怀疑爸爸得了健忘症的时候，我是一点儿都不相信，或者说，我心底在排斥去相信这么一个事实。

哥哥告诉我："最近一段时间以来，我发现爸爸有点不对劲。平常做的菜不是忘了放盐，就是放得太多导致太咸。"这点我也有所发现，但我以为是爸爸太累了，并没多想。不过，哥哥接下来讲的一件事，让我不免为爸爸的健康担心起来。哥哥说："这天，爸爸说要去买条裤子，我跟他约好在商场门口见面的。你猜上车后，爸爸都跟我聊什么了？"我赶紧接上哥哥的话，问："爸爸都说什么了啊？"哥哥说："爸爸在第一个红绿灯的时候，告诉我他这裤子买来多少钱；在第二个红绿灯的时候，又跟我说这事，第三个红绿灯的时候还说这事，并且每次说的价格还不一样，但都是同一条裤子。”

当我和哥对于爸爸得了健忘症这件事情似有确认以后，我们带着爸爸上医院进行了一次全面的检查。医生告诉我们，爸爸确实患了健忘症，好在不是特别严重，让我们做子女的在平常的生活当中多照顾一下就行了。

回来的途中，开车路过一家文具店，哥哥把车停到路旁，进去买了很多便利贴，还有一些小巧精致的记事本。

26 岁 药品销售员

一事一悟

人的身体，都有一个衰老的过程。当父母身体退化，出现状况的时候，我们应该从父母的生活小事入手，给予更细致的关爱。就比如说得了健忘症的爸爸，做子女的除了及时带他上医院做检查，体贴地买便利贴和记事本这类东西来提醒爸爸生活中要记住的小事外，更需要我们带着温暖的爱陪伴在爸爸身边。

第 45 件事：给父亲买的跑步鞋

年轻时候的爸爸，是一家国营企业的厂长。在外人眼中，那可是相当了得的一个人物，管着厂里好几百号人呢。在爸爸担任厂长的那几年里，厂里的效益更是屡创新高。

剥开厂长这件华丽的外衣，回归到生活，爸爸是一个追求朴素、简单的人。这么多年，一直保持了节俭的生活作风。即使是在家里经济条件明显改善的情况下，也丝毫不会出现铺张浪费的现象。这可能跟他们那代人从小吃苦长大有关。

在我儿时的记忆当中，家中的饭菜从来都是吃多少做多少，不会出现倒掉的情况。即使偶尔没有把握好那个量，做多了，爸爸也会让我们留在那里，下一顿热了给他吃。

在吃的方面尚且如此，穿的方面就更是节俭了。贵为一厂之长的爸爸，穿着十分朴素。

那个年代，要是在厂里面能穿上用劳动布做的工作服，简直是全国劳动福利的象征啊！而爸爸的衣服大多是之前穿过很多年的，上面总有很多的补丁，都是妈妈一针一线给缝上去的。好在妈妈手巧，所以补丁看上去也不觉难看，拿到现代，或许还是时髦的象征呢！

有句俗话说得好："新三年，旧三年，缝缝补补又三年"。每次听到这话，我就想到我爸，这简直是对他生活状态的最贴切的描述。爸爸的这种生活作风也遭到周围人的不少非议，其中，讲得最多的就是说爸爸是个吝啬鬼。对于外面如此的评价，爸爸总是一笑置之。

爸爸虽然对穿着方面不是很讲究，但是，也是一个有着自己喜好的人。他最爱穿的衣服是一件草绿色的军大衣。每当秋冬时节，爸爸就爱把它穿在外面，尽管上面也有许多补丁，但是爸爸对它的在意、欣赏程度还是蛮高的。

退休后的爸爸，在家享着清福。没事儿的时候，约上三五好友去郊外踏青，或者在楼下的公园里面和附近的老头一起下下象棋，喝喝茶，聊聊天。

这么多年来，爸爸一直保持着一个良好的生活习惯，那就是坚持天天跑步，不管刮风或是下雨，从未见他间断过。

爸爸有一双穿了近十年的鞋，这双鞋是专门拿来每天跑步的时候穿的。穿了这么多年，上面早已补丁满天。好在找到一个专门修鞋的老师傅，老师傅年过六旬，修了一辈子的鞋，不光是经验丰富，从工艺方面来讲，也是相当精湛。在还未找到这位老师傅以前，爸爸这双鞋经过了不下十个修鞋师傅的手，每次刚一拿出，就被人家直接拒绝，还说："这鞋都这么旧了，我修鞋的钱还不如你买双新的了。"爸爸只好提着鞋沮丧地离开。

其实，凭家里的经济条件，完全可以买一双上档次的运动鞋。妈妈也曾劝过爸爸好多次，叫他换一双。不过，爸爸都不同意，坚持一定要穿到不能再穿的时候为止。

那双鞋补到后来，连那位老师傅都已经补不下去了。最后，爸爸不得不放弃对那双鞋的坚持。

没有了跑鞋的陪伴，爸爸好几天都闷闷不乐的。早晨还是很早就起床了，但不出去跑步了，一个人待在屋子里，来回踱步。我和妈妈看在眼里，急在心里。

这天下班，我和妈妈约好了在商场见面，准备给爸爸挑选一双合适的跑鞋。

30岁 司机

一事一悟

老一辈的爸爸妈妈，由于生活的年代与成长的环境与我们有很大的不同，他们有他们自己的生活习惯。对此，我们首先应该选择尊重，然后给予生活方面的关爱。

第46件事：山上的空气与绿叶

不管离家多远，我最怀念的永远是老家山上的空气与绿叶。

我的家，在南方的一个小镇上。我住的地方，有一座颇有名气的山。说它有名，是因为当地人都觉得守护着这座山的山神很灵。

山上有大片树林，郁郁葱葱的。山上的空气很新鲜，山上的树叶也很鲜嫩。小时候不觉得，长大后的我，开始怀念每日清晨到山上吸几口新鲜空气的日子。然而，这种怀念并不是真实存在于童年的记忆当中，而是只在想象里。因为儿时的我总是很懒，懒得早起，懒得爬山，懒得去发现身边的人、事、物。

罗丹说过，这个世界从不缺少美，缺少的是对美的发现。

毕业后，一心扑往大城市的我，经过几年的磨炼，虽然也买了房，有了车，却未曾找到一份归属感。很多时候，还是会感到迷茫。当我对城市生活越是感到厌倦的时候，那份臆想出来的怀念感就越是强烈，甚至会觉得那是一种奢侈。

每当吸着汽车尾气和马路上扬起的灰尘，我是多么怀念老家山上的空气啊！

城市当中，朝九晚五的生活节奏早已让我麻木不堪。周末闲暇时，通常我都会选择到附近郊区走走逛逛。

为了让自己的生活过得更有意义，而不是简单地为了赚钱而工作，为了工作而生活，我在网上报名参加一些公益活动，并在活动当中结识了不少志趣相投的朋友。更趁着“十一”长假，大家一起到偏远山区，给山区里的孩子送去一些生活物资和学习用品，包括衣服、鞋子、文具、彩色电视机，除此之外，还有足球、篮球这些能丰富学生课余生活的娱乐用品。那次，同去的志愿者们除了和那些可爱的孩子进行交流沟通之外，大家还一起踢足球。

公益活动时所呈现出来的一些精彩画面，都被我用相机记录了下来，并上网传给了爸爸。爸爸先是赞美了一番，随后跟我讲，屋后的那片山，政府今年花了不少钱进行改造，现在已经成为市里面重点宣传的旅游景点之一，每天到此游玩的人络绎不绝。

听爸爸在网上这样讲了之后，我是心动加眼馋，趁着公司年假，赶紧买了张机票飞回老家。到家的当天晚上，爸爸就信誓旦旦地说：“儿子，我们明天早起，在太阳还没出来前，跟着太阳跑，一边跑，一边看日出前山上的美景。”

这一次，我一反儿时的叛逆，点头答应。想想，长这么大，我还是第一次对爸爸的观点没有提出任何异议。

第二天，5 点钟不到，我和爸爸就已经来到了山脚下。令我们大吃一惊的是，一批人正从山上走了下来，我大为不解：他们这是住在山上，刚从上面下来，还是怎么回事呢？

正当我心中充满疑惑之时，他们与旁边一组人的对话告诉了我答案。原来，他们3点钟就起床了，现在是刚刚爬完山回来。我和爸爸相视一笑，开始以为自己算很早的了，没想到还有比我们更早的啊！

那天爬山，还没到目的地，太阳就升起来了。所以，后来的路程，我们是顶着烈日到达的。太阳天天升起，但是和老爸一起爬山的日子却不常有啊。返回途中，爸爸拍着我的肩膀说：“儿子，没事儿的时候，多回来陪陪爸爸爬爬山吧！”

30岁 销售经理

一事一悟

山上的空气与绿叶，喜欢的正是它们的简单与纯净。就好比在纷繁世界当中，父母所给予我们的亲情一样——纯粹、干净。有些事情，看起来虽小，但当我们认真地去完成时，必将成为生命当中难得的宝贵经历。就比如，回家陪爸爸爬爬山。

第47件事：配给父母的养生食谱

我从小就喜欢画画，且画得不错。好在父母对我的这一兴趣爱好也是相当支持。在他们对我进行悉心培养的日子里，最令我难忘的，还是高二那年的暑假。

在那个暑假里，妈妈为我报了中央美术学院考前辅导班，两个月的学习时间，我们一家三口千里迢迢地从沈阳来到了北京。妈妈因为不放心我一个人去北京学习，和爸爸一起，向单位请了假，简单收拾一些生活用品，买了三张火车票，就这样一路来了北京。

说是简单收拾，其实也算搬了一次家了。到北京后，我们一家先是住旅馆，随后到考前辅导班报到。报到完毕，妈妈通过房屋中介，在辅导班附近找了间房子，住了下来。毕竟爸爸妈妈都是有工作在身的人，不便一直留在北京。所以，等一切安顿下来之后，爸爸就回沈阳了，还跟妈妈商量好了，一人照顾一段时间。

由于爸爸的工作比妈妈要忙得多，所以，大部分时间都是妈妈留在北京负责照顾我。我曾向他们提议，留我一人在北京学习。可妈妈不放心，总说，不管怎么样，也要等到你中学毕业。每次听见妈妈这样讲，我反而心疼起他们来了，真是“可怜天下父母心”啊！

那时，正好是一年当中最热的时候。我每天 8 点钟上课，下午 5 点下课，晚上 7 点又得往画室赶。一日三餐，都是妈妈在负责。与那些同来北京培训的同学比起来，我真的要幸福很多。不用和大家挤在狭小的宿舍里睡觉，不用为每天到哪里去吃饭而发愁。每天 6 点半的样子，妈妈就开始在厨房里面忙活我的早餐了。为了不影响我睡觉，她总是蹑手蹑脚，生怕发出什么大的响声。

当时租的房子属于合租房，所以大家合用一个厨房。住户们都对妈妈的厨艺赞赏有加。一日三餐，没有哪一餐是凑合着吃的。妈妈做的饭菜，不仅美味，更注意营养方面的搭配，谷类、蛋白质、维生素、藻类，应有尽有。

后来，我没能考上中央美院，但也考取了一所不错的大学。对妈妈爸爸来讲，也算是一种欣慰。念大学以后，我渐渐学会独立生活，包括如何与同学相处，如何过集体生活，都是我在大学期间需要慢慢学习的。

少了妈妈在身边的唠叨，起初还会不习惯。刚开始上大学那会儿，妈妈一天一个电话打过来，同寝室的同学为此取笑了我很久。后来，在爸爸的提醒下，妈妈减少了来电的次数，从一天一次改为一周一次，再到后来，半个月才打一个电话。妈妈说："大了，懂事了，不用我再操心了。"

妈妈说得没错，在学校学习的这几年，我确实懂事了很多。工作后，我变得更加成熟，因为懂得作为一个男人所要肩负起的社会责任和家庭责任。

妈妈现在不用替我操心了，但我却开始担心起妈妈来。爸爸妈妈身体的健康状况，是远在异乡的儿子最为牵挂的一件事了。

趁着周末有空，找到一家专门进行营养配餐的店，让他们针对爸妈的身体状况，配制一个适合他们吃的养生食谱，希望他们身体健健康康的！

29岁 平面设计师

一事一悟

我们是父母眼中永远长不大的小孩儿。反过来，父母也是我们永远的牵挂，特别是在我们长大懂事以后。为父母配一个养生餐，既是对父母健康的一个保障，同时也给远在异乡奋斗的我们带来一份安心。

第 48 件事：陪父母听堂国学课

“人类如果要在 21 世纪生存下去，必须回头 2500 年，去吸取孔子的智慧。”据说，这话便是世界诺贝尔奖获得者所说的。由此可见中国传统文化越来越受到世人的瞩目。

记得，还在我尚不识字的年岁，父亲就拿出《弟子规》让我每天诵读。“弟子规，圣人训，首孝悌，次谨信，泛爱众，而亲仁，有余力，则学文。”那个时候，我虽然不认识字，也不会写字，但父亲每天一句一句地教我念，慢慢地我也能脱口而出。再后来，我竟然能完整地背下来了。父亲很是得意地在亲友们面前夸奖了我一番。

再大一些的时候，父亲就让我看《大学》、《中庸》一类的书籍。“大学之道在明明德，在亲民，在止于至善……”这些句子，当年读来朗朗上口，但其中所传递的人生哲理，我想，估计要用一生的时间去体悟吧！

在大家都跟风学国学的过程当中，绝大多数人还都只是简单地了解一下其中的知识，而对于这当中所蕴含的深刻内涵却未必能体会。

父亲是一个对传统文化相当感兴趣的人，也乐于研究。旅游卫视梁冬主持的节目——《国学堂》，他是每期必看。在众多研究、讲解国学的大师当中，父亲最喜欢的便是南怀瑾大师。家里的书架上好几排都摆着由南怀瑾先生所著的书籍，特别是《南怀瑾全集》，更是被父亲当成宝贝一样收藏。据说，为了能把这套书籍买齐，他可是没少费心。

退休在家的父亲，很喜欢一个人捧着一本书，再泡上一壶茶，在那里，一坐就是老半天。有人把国学当成知识文化一样吸收，有人把国学作为开启智慧的法宝，而父亲则把国学作为一种兴趣爱好来研究。

父亲凭借着自己的兴趣爱好结识了不少的朋友。他们当中有的是大学老师，有的是企业老总，有的是普通公司职员，甚至还有一些学生。他们当中的一个老师还在国学界小有名气，对于国学也有很多自己的见解。平时在学校开课的时候，每堂课去听课的学生都能挤到教室门口。

父亲喜欢和其他朋友在周末的时候，相约来到这个老师家里，大家一起探讨近期在看书、学习方面的一些心得体会。母亲倒是陪父亲去过几次，就是我一直抽不出时间来。其实，陪父母听一堂国学课蛮好的，可以在这个浮躁的社会当中找到一丝安宁。

34岁 中学语文老师

一事一悟

如今社会，压力大，环境差，人与人之间的相处充满勾心斗角、尔虞我诈。但不管怎样，相信真、善、美的存在总是好的。陪父母听一堂国学课，在中国传统文化的熏陶下，珍视与父母之间的情感。

第 49 件事：为妈妈准备的闹钟

从小到大，我都不是一个让父母操心的孩子。当别的小孩还在赖床的时候，我却能够自己一个人按时起床，穿衣服，洗漱，吃早餐，然后去学校上课。为了方便，自打我念书的时候起，妈妈就带我去剪了个齐耳短发，省去了很多女孩子每天早晨起床梳头的麻烦。我常常都是拿着梳子随意梳两下就完事，如果时间来不及，连梳头的程序都可以省去。

在大人们的眼中，我就跟一个小大人似的。在家中，妈妈反而更像是一个小孩子，常常让爸爸操心，甚至很多时候还要我这个做女儿的去提醒她一些事情。

妈妈是一个性格比较迷糊的人，不过，也正因如此，才让当年气度不凡、英俊潇洒的爸爸一心迷恋上了妈妈。妈妈话不多，爸爸话很多，在家里的时候，总是听见爸爸一个人的声音。

在家庭生活当中，一般都是妈妈厨艺精湛，会做饭，可是在我们家里，却恰恰相反。妈妈不做饭，每天都是爸爸负责家中的一日三餐。据爸爸讲，其实他厨艺也不是特别好，只是在妈妈的鼓励下，天天做，所以变得越来越好了。

妈妈不做饭，并不是因为妈妈懒，而是妈妈确实不会做饭。妈妈常对别人说自己在做饭方面实在是缺乏天赋和悟性，不管怎么学，总是学不会。

有段时间，爸爸工作比较忙，每天一大早出门，回家的时候差不多都晚上十一二点钟了。妈妈看着挺心疼的，想做点儿什么有营养的东西，给爸爸补一补。参考翻阅了一些养生食谱，最后选了一道蜂蜜核桃。妈妈觉得爸爸每天这么操劳，用脑过度，吃点儿核桃补补应该挺不错的。食谱上面写着：“将剥好的核桃外面裹一层蜂蜜，然后放入烧热的油锅当中，煎10分钟。”

这是妈妈在食谱上面所看见的内容，当然，她看东西也会有看漏的情况出现。当她剥了核桃，裹了蜂蜜，烧了油，接着把裹好蜂蜜的核桃一颗颗放进油锅之后，还不到5分钟，整个厨房都冒着浓烟。刚巧这时爸爸回来了，他赶紧冲向了厨房，关掉了煤气炉，站在一旁的妈妈还不紧不慢地看着手上的表说：“时间还没到呢，你怎么把火给关了啊！”爸爸站在一旁一脸无奈地说：“厨房都快被烧起来了，你还想继续炸下去啊！”

经过妈妈的一通解释和爸爸的一番调查之后，发现原来妈妈在看菜谱的时候，看漏了一句话。上面还写着：“当把核桃放进油锅里面的时候，将火开至小火。”而她从头到尾都是开的大火。

其实，对于这一点，稍微有点烹饪常识的人都应该知道。但是，偏偏妈妈在做吃的方面实在如她自己所说，没有天赋，所以，最后导致了这样一出闹剧。

事到最后，虽然有点荒唐，但爸爸还是蛮感动的，因为那核桃是为他而煎的。

妈妈在生活中发生的种种乌龙事件，大概够写本笑话集了。这不，最近报名参加了社区里面的文艺活动，本来挺好的一件事情，也得到了家里的支持。可令人痛苦的是，妈妈天天迟到，每次都要其他队员等很久。为了解决这一问题，我决定给妈妈准备一个闹钟。

26岁 销售

一事一悟

爸爸妈妈虽然是大人，但在生活当中，也会有犯迷糊的时候。为妈妈准备一个闹钟，从生活当中的小细节开始，表达我们对父母的关爱。

第 50 件事：藏在柜子里的鸡精

年轻时候的母亲，身材苗条，当过兵，在部队文工团里是远近闻名的美人。现在年纪大了，身材也走样了。

从部队里面退下来的母亲，整日在家闲着没事儿干，除了每天操持着一家人的吃吃喝喝外，再也找不到其他的事情做。

看着母亲一大早起床到市场上去买菜，每天围着厨房打转，我常常忍不住问母亲对现在的生活感到满意吗？母亲总笑呵呵地回答：“不好也不坏！”听完，我也不知道该如何继续接话了。

后来我当上了爸爸，母亲也做了奶奶，那一年，她 50 岁。不知不觉，女儿都已经 3 岁了，特别淘气。女儿很喜欢看家里的老照片，小小年纪，就懂得怀旧，光从这点儿上来看，就不愧是我的闺女啊！

在那些老照片当中，她最喜欢的就是单独用相架放置在书桌边的奶奶，也就是我母亲的照片。照片上的母亲，身姿曼妙，摆着跳舞时的一个舞蹈动作：双手轻轻举到胸前定格，左脚尖踮起，右腿往后伸展，头部微微上扬，脸带微笑。女儿常常问我这个人是谁，当我不厌其烦地告诉她这是她奶奶的时候，她的问题又变成：“这人真的是我奶奶吗？”问多了，我就不再向女儿解释了。其实我也明白女儿为什么对我的回答感到怀疑，因为年轻时候的母亲与现在的母亲，差别实在是太大了。

如果不是女儿提起，我都忘了母亲曾经是文工团里面的舞蹈演员，那个在年轻时期对舞蹈充满激情的美丽女子。但这一切，都在之后的婚姻生活当中被消磨殆尽，抛开了当初在艺术上面的追求，整天围绕着柴米油盐打转。

听父亲讲，他们刚结婚那会儿，母亲也不会做饭。从小在部队里面长大的母亲，习惯了吃食堂。只是，后来在她婆婆的教导之下，渐渐学着炒一些家常菜。再后来，在父亲的鼓励之下，菜越做越好。

父亲平时工作忙，在外面的应酬比较多，外面的食物吃多了，难免口味会越来越重。所以，回到家再吃母亲做的菜，便会觉得没有什么味道。母亲又是一个特别顺着父亲的人，于是不断改进自己的厨艺。这样一来，母亲的厨艺最后磨砺得与大饭店里面的厨师做出来的不相上下。只是，最近一次带父母去做身体检查，二老身体都不好，特别是父亲，典型的“三高”：高血脂、高血糖、高血压。医生说，都是吃出来的病。母亲身体虽然不至于像父亲那样严重，但也离“三高”的警戒线不远了。

回家后，我拉着两人，好好地给他们上了一堂养生课：如何把吃出来的病给吃回去。如此一来，家中进行了一场饮食习惯的大变革。

之前吃饭顿顿必放的鸡精也被我偷偷藏在了柜子里面。

29岁 市场研发部经理

一事一悟

父母的生活习惯不一定就健康，很多时候，需要我们以合理的方式告诉父母什么是健康的生活习惯。

第51件事：天凉了记得给他们添置棉被

现在的气候越来越反常了，秋天的时候，猛然间你会忘了接下来到底是冬天，还是夏天。起初，我以为这种奇怪的念头只有我有，没想到妈妈有天告诉我，她也会在春秋之际产生这样的错觉。妈妈说，在他们小的时候，四季分明，不像现在，过得有点四季不分的感觉。

和妈妈晚饭后相约在楼下操场散步。操场的白天，主要提供给一所中学的学生在此上体育课。所以，操场只在晚上对外开放。走着走着，一阵风吹过，当时我和妈妈正站在一棵大树底下，树上纷纷飘落下来的落叶打到我们头上和身上，妈妈微笑着望着我说：“这次我确定是秋天来了，天气要凉了。”说完，我们母女俩相视一笑。

还记得小的时候，天气一转凉，妈妈就开始撤掉床上的凉席，铺上干净的床单，换掉薄薄的毛毯，装上新的棉被。每当此时，我都会跟在妈妈屁股后面，屁颠屁颠地嚷嚷着要帮忙。

说是帮忙，其实是在凑热闹。那个时候，我特别喜欢看家里绣着的，或花花绿绿，或素静优雅纹路的床单。一铺上床，整个屋子给人的感觉都变了，瞬间温暖许多。

我是一个睡觉特别不老实的孩子，夏天还好，一到了秋冬季节，因为踢被子而导致的感冒屡屡发生。如此一来，除了对健康不利，还严重影响了学习，三天两头地往医院里面跑，最后弄得护士们都认识我了。

为了防止我踢被子，妈妈可没少操心。晚上睡觉的时候，时不时地跑到我的屋子里，看看被子是否盖严实了。南方的冬天，屋子里通常比较冷，一般都会烤火。不过，等上床后，火也熄了，这个时候再要从床上爬起来做点儿什么，实在是一件很需要勇气的事情。

可即便如此，妈妈也会在夜里起来个两三次，到我的屋里看我踢被子了没。妈妈的爱，总是那么地体贴温暖。

如今，爸爸妈妈都老了，我也不再是当年那个爱踢被子的小孩子了。工作之后，我按揭买了套房子，并把爸爸妈妈从老家接了出来，和我住在了一起。一个人在外打拼多年，大部分时间都是自己一个人生活，和父母之间的交流仅凭一个星期一次的电话进行沟通。再次生活在一起，发现父母真的老了许多，不仅两鬓的白发多了，连上下楼梯都开始喘起来了。

爸爸在年轻的时候，中午一般都不会午睡，但是现在有了午睡的习惯。中午的时候，睡上那么半个小时，确实有利于养心。于是，每次中午吃完饭，休息一会儿，我就督促着二老到床上去睡午觉。以前，是妈妈为我盖好被子，现在，轮到我给他们盖被子了。每次等他们躺好了之后，我就在旁边帮忙把被子的四个角压严实了，说："乖乖的，快点儿睡啊！"然后，躺在床上的他们，仰着脸，略带睡意地说："好！"

30岁 演员

一事一悟

你是一个小时候爱踢被子的孩子吗？每次踢被子的时候，是不是都是父母跑过来替你盖好的呢？天气慢慢转凉了，为父母添置一些入冬时要用的被子吧！在他们睡觉的时候，别忘了也替他们把被子盖严实了。

第52件事：定期清理家庭药箱

健康有多重要，只有当你失去的时候才会明白；生命有多宝贵，只有当你跟死神作斗争的时候才能体会。

爸爸今年已是快60岁的人了，好在身子硬朗，每天还进行晨练。和爸爸比起来，我们这些年轻人，身体可差远了。三天两头吃药不说，还整天没精神，老是犯困，下班回家，吃完饭，往沙发上一坐，瞌睡就来了。而爸爸，却在这个时候，麻利地将餐桌收拾出来，晃晃悠悠地出去散步去了。

爸爸常常训斥我们是二三十岁的年龄，五六十岁的身体，甚至还不止呢。工作上的忙碌，已经让我们没有多余的时间拿来锻炼，而且，即便是真的有时间了，大多都赖在床上或沙发上，并且秉持能躺着绝不坐着，能坐着绝不站着这一懒人法则。

在家中客厅的电视柜下面，有一个家庭药箱，里面备有各类药物，比如消炎药、感冒药、创可贴，以及治疗外伤感染的一些常见药。这个药箱，一般都是爸爸在处理的。平时，我们的身体有点什么异样的状况发生，爸爸就会从药箱里面像变法宝一样地找到适合我们病症的药物。“有病及时治疗，实在是治不了了，再去医院里面。”这是爸爸说的。

身子再硬朗的爸爸，也会有生病的时候。

这天，我起床后，发现爸爸每天锻炼时穿的鞋还放在门口。往日这个时间段，他早该出去锻炼了啊。因为赶时间上班，便没多想，迅速换好上班时穿的鞋，急匆匆地朝楼下跑去。等结束了一天的工作，拖着疲惫的身子赶到家的时候，发现屋里没人，也没开灯，桌子上也没有准备任何饭菜，一切跟早晨离开的时候一样，只是爸爸房间里面的灯是亮着的。我赶紧走了进去，发现躺在床上的爸爸。这时，他正眯着眼睛，嘴巴里发出微弱的呻吟声。

原来，爸爸发高烧了，从昨天晚上后半夜开始的。起初，只是有点不舒服，于是从药箱里面拿了颗退烧药吃了。吃完后，昏昏沉沉地睡了过去。白天我们都上班去了，不在家。等他醒过来的时候，准备再吃一颗药，却发现药箱里面的退烧药没了，想给我们打电话又怕打扰我们上班。觉得也不是什么大病就在床上躺着等我们回来。

听完爸爸的讲述，我赶紧给他倒了杯水，然后下楼买了几盒退烧药，给爸爸吃了一颗，其余的备在了药箱里。

这个家庭药箱之前是爸爸在负责管理的，在他面前，我们总表现得像个小孩儿一样。我们习惯于依赖他为我们做各种事情，却忘了，其实我们已经长大了，而爸爸也已经老了。

等爸爸吃完药，我为他下了一碗面，端到了他的床前，在他吃的时候，我说："爸！以后清理药箱的事就交给我吧！"

29 岁 银行客户经理

一事一悟

定期清理家庭药箱实际上是一件很小的事情，但却体现了我们对父母身体健康方面很细微的关爱。有些时候，看似不重要的事情，却能在关键时刻显示出重大的作用力。

第53件事：不做让父母动怒的事情

我是一个有着很多坏毛病的女孩儿，所以从小没少挨父母的骂，当然也没少气我的父母。

打从念书的时候开始，妈妈就在我的生活当中充当起了闹钟的角色。在起床这件事情上，我有一个很不好的习惯，那就是有起床气。所以当我从睡梦中被人叫醒时，通常都会嘟着嘴不高兴老半天。这个不好的习惯，直到长大成人以后，也未能改过来。

在家做女儿时，不觉得有什么，因为自己的所有坏习惯，都会得到妈妈的包容。但当嫁作人妻后，才明白人与人之间的相处并非那样容易。

这天，我因要参加一个重要的会议，便上好了闹钟，但心里总觉得不放心。老公上班的公司离我们住的地方比较远，一般情况下，都会早我半小时出门。于是，让老公早晨临出门的时候负责叫醒我。那天，老公原本答应得好好的，但出门的时候还是忘了叫我。他出门后在路上正巧碰见刚刚从早市回来的婆婆，于是让婆婆帮忙喊我起床。

老公对我有起床气这一习惯是知道的，所以，平常都让我自己上闹钟。但是，婆婆不知道。当她进屋叫我起床时，却不想被我一阵乱吼给吓了回去。我的起床气通常会维持半个小时左右的时间，所以，直到我出门的那一刻，都处于一种面无表情嘟着嘴的状态。

一天的会议下来，弄得人筋疲力尽，下班的时候已经很晚了。到家进门的那刻，见老公一人坐在沙发上，婆婆不在，估计是已经回房睡了吧。老人家通常晚上睡得都比较早，便没多想。

简单洗漱完毕，再收拾整理了一下当天的会议资料，进房间准备睡了。却不想老公进来，用责问的语气问我："你今天是不是给妈脸色看，惹她不高兴了？"我先是一脸无辜，经过仔细回想，才想起早上的事情，明白事情的严重性了。

好在婆婆也不是一个不通情达理的人，经过一番非常诚恳的道歉之后，最终还是原谅我了。在娘家跟在婆家还是很不一样的，很多时候，你不能由着自己的性子来。婆婆虽然也是一家人，但跟自己的亲妈比较，还是会有区别的。

突然觉得，之前在家的时候，自己的态度是多么顽劣。有做错的地方，被爸妈指出来，还总爱跟他们犟嘴，有事儿没事儿地惹他们不高兴。明明就是只需要自己承认一下错误的事情，可我偏不。

直到嫁人之后，我才明白，自己在生活方面的一些坏毛病，是多么不招人喜欢。爸妈年纪越来越大，身体一天天地老去，年轻时候为我们操了不少的心。等我大了，他们也老了，不想再做出什么让父母动怒的事情了，生气是对身体的一种伤害啊！

28岁 编辑

一事一悟

孩童时期，让父母动怒了，我们可以当自己不懂事；年少轻狂时，让父母动怒了，我们可以说因为我们有我们的梦想要去追寻，我们有我们的人生理想要去实现；成家立业以后，让父母动怒了，我们真应该好好反思一下自己了。父母还剩多少时间被我们气啊！不做让父母动怒的事，也是我们对父母孝顺的方式之一。

第六章
友情万岁：

假使有天我们有幸成为父母的挚友

第 54 件事：带妈妈去逛逛街

据妈妈讲述，小的时候，我就特别爱跟着她一起逛街。还常常因为在商店里面看见了好看的衣服、鞋子之类的就挪不开脚，非要缠着她买，不买就赖在那里死活不走。根据回忆，好几次都是跟妈妈一起逛街的阿姨连同妈妈一起，一个抬脚，一个抬头，这样把我给抬了回去。

女人爱美丽、爱打扮似乎是天生的。女人的衣柜里面永远少一件衣服，女人的鞋柜中，也永远少一双鞋。小时候，我特别爱看妈妈每次出门前，在卧室当中一番精致的打扮过程。妈妈总是先打开衣柜，拿出几件觉得适合当天穿的衣服，然后再在大镜子前面来回比划，还时不时地扭过头问："女儿，你说妈妈穿哪件衣服比较好看呢？"小小的我，当时已经具备了一定的审美能力，用稚嫩的语气答道："妈妈穿红色的那件比较好看。"

决定好了该穿什么衣服之后，妈妈又开始妆扮自己的脸颊。妈妈的梳妆柜上面摆满了各种各样的化妆品，从粉底、腮红，再到眼影、唇膏，还有棕色和黑色的眉笔、眼线，可以说，应有尽有。化妆品店有的，妈妈差不多都有，每次有什么新奇的玩意儿，妈妈也是绝不放过啊。

那个时候，化妆前流行打一层白白的粉底，然后是颜色十分艳丽的口红，眼线也是粗粗的一条，把五官突出到了极致。只是，这样的妆容在现在的日常生活当中不怎么常见，甚至会让人感觉到夸张做作。除非是明星在出席什么活动的时候，画上这样一个妆容，反而有复古的味道。

我还记得妈妈后来文了眉毛和眼线。对于妈妈爱美的举动，爸爸不但不阻止，反而从精神上与物质上予以支持和鼓励。妈妈当时是在老家最好的一家美容院里文的眉毛、眼线，还是爸爸陪着一起去的呢。当年文的眼线和眉毛后来因为已经不再时兴，所以又去美容院洗掉了。

在自己的脸上，如此这番折腾，爸爸不仅不觉得烦，反而认为，女人天生就该打扮，更要学会打扮。偏偏长大成人后的我，没有了小时候的臭美，取而代之的是一种中性和随意，剪一个男生头，穿着T恤加牛仔裤，在大街上“招摇过市”。为此，爸爸没少说我，妈妈没少试图改变我，给我买过不少裙子，都是一些价格不菲的淑女装，但是都被我无情地放在衣柜里面。除非是陪爸爸妈妈出席一些比较重要的场合，否则，实在是不愿意拿出来穿。

小时候的我，爱跟在妈妈的屁股后面四处逛街，长大后的我，不爱逛了。但是，妈妈却依然乐此不疲地逛。只是，没有了爸爸的陪伴。见她独自一人拎着大包小包地回到家的时候，我常常忍不住叫她给我打个电话，好去接她。毕竟妈妈年纪大了，拿这么多东西还是挺不方便的。妈妈只淡淡地回了我一句：“你怎么不陪妈妈一起逛啊！”

28 岁 设计师

一事一悟

陪妈妈逛街，是生活当中的一件小事。在妈妈老了以后，我们确实应该多花点儿时间，去陪妈妈做一些让他们感到快乐的事情。因为，爸妈的幸福，也是作为子女的我们的幸福。难道不是吗？

第 55 件事：陪爸爸出去喝一杯

今天难得不用加班，走出公司门口的那刻，看着外面残留的余晖，才想起来，我已经很久没有在 6 点钟的时候离开过公司了。长期的加班，让我的生活，除了办公室，就是漆黑的夜。

这天，出检票口的时候，刚好碰见了爸爸。我赶紧叫住了他，问：“爸！今天怎么这么早？”爸爸含含糊糊，没有正面回答我的问题。爸爸总是这么沉默寡言。

爸爸的工作虽然不用天天加班，可到屋的时间，跟我差不多。

爸爸有个嗜好，爱喝两口，所以，每天下班喜欢一个人或者邀上一两个聊得来的朋友，找一间小酒馆，美美地喝上几口，也不喝醉，有点微醉的时候就往家赶。回到家，妈妈总不忘唠叨几句。醉酒后的爸爸一改往日的沉默，嘴巴变得特别甜，通常哄几句，就能把妈妈逗得笑起来，也就不再说他什么了。

我和爸爸肩并肩走在回家的路上，突然之间，想起我还从未陪爸爸喝过一杯酒呢。于是，侧过身，挽住爸爸的胳膊，说："爸！不如我们父女俩现在一起去喝一杯吧，怎么样？"

爸爸先是一脸的惊讶，微微上扬的嘴角暴露出他内心的喜悦，像个孩子一样笑着冲我点点头。

爸爸带我来到平常光顾的那家小酒馆，刚走到门口，就听见小老板的热情招呼声："哟！您又来了，今天还带了位美女过来啊？"我开始有点不好意思地忙澄清道："我是他的女儿！"

爸爸找了个靠窗的位置坐下来，点了两杯冰啤酒。在夏日里，坐在有空调的屋子里面，再来两杯冰冻啤酒，实在是一件很惬意的事情啊！

环顾四周，仔细打量了一下这家店，看来是一间老字号的店了。尽管店内装潢设施翻新过，但依然看得出有些年头了。

我好奇地问："爸！你为什么喜欢到这间店喝酒呢？"爸爸拿起杯子，抿了一小口酒下去，舔了舔嘴唇上残留着的少许啤酒泡沫，略微腼腆地说："因为我和你妈就是在这家店认识的。"听了爸爸的回答，我更是好奇了，继续追问，"你们是怎么认识的，快给我讲讲啊！"

爸爸说："当年，我才20出头，你妈也刚满18岁，都是花一样的年龄啊！你妈妈那时长得很漂亮，有天晚上在这儿吃饭，被几个小流氓欺负，然后你爸就上演了一场英雄救美的戏。呵呵，就因为这件事，我和你妈就认识了，后来我们俩就好上了，再后来，就有了你！”

正当我们父女聊得高兴的时候，一名服务员走了过来，手上用托盘托着几小碟凉菜，说：“这是送你们的。”说完就把凉菜放到了桌上。“这些天，怎么都不见你过来了啊？”服务员问道。

爸爸忙解释说：“最近老婆身体有点不舒服，下班后就回家了。”那人用调侃的语气回答：“哟！没想到还挺疼老婆的啊！我们以为你心里只有一个宝贝女儿呢！”

对于他的话，我显得有点疑惑，好奇心驱使我询问这话的含义。他解释道：“小丫头，你爸每次到我们这里来喝酒，都不忘夸奖你一番。我们可是都盼着有天能见见你啊！”

爸爸忙打断那人的话，说：“当着孩子的面，你就别说这样的话了啊！”说完，爸爸居然害羞得脸红了。爸爸从不当面夸我什么，我曾一度怀疑爸爸是不是不喜欢我，真没想到原来爸爸在外人面前如此夸我呢！

26岁 酒店大堂经理

一事一悟

适量饮酒不仅能促进血液循环，更能增进喝酒人之间的感情。平日里的很多话，爸爸或许没有亲口对我们讲，趁着喝酒的时候，聊聊我们所不知道的关于爸爸的隐私，问问爸爸的内心感受以及人生感悟。陪爸爸喝一杯，其实是一件很有意义的事情呢！

第56件事：教妈妈用手机发短信

在电话还未普及的年代，我们家是镇上为数不多的家里安装有电话的住户。那个时候，街坊邻里常常到我们家来打个电话，或者是我们家帮忙接一下打来找周围邻居的电话。

爸爸脾气很好，而且很爱帮助别人。常常为了别人的事情在那里操心，最后给自己找来许多麻烦。妈妈每次抱怨爸爸这点儿不是的时候，爸爸只是在一旁呵呵傻笑。

妈妈实在是数码电子产品盲，除了会打电话接电话外，其他的都不怎么懂。但爸爸就不一样了，在我们这栋楼里，别人都没安装电话的时候，爸爸就给家里装上了。当BP机也就是当年盛极一时的寻呼机出现的时候，爸爸也毫不犹豫地给自己配了一台，别在腰间。而妈妈，还是只会用家里的电话机，打电话接电话。

待手机开始普及的时候，爸爸给妈妈买了一个小灵通。小灵通是翻盖样式的，整体呈酒红色，最外面的壳上还有一颗大大的闪亮闪亮的水钻，显示屏是黑白屏的。买了之后，爸爸替妈妈把电话号码一条一条输进去，然后告诉妈妈接电话的时候要按绿色键，接听完了之后，按红色键。我常常在一旁笑话妈妈，因为连我都弄明白了，可妈妈还是不怎么会，问了一次又一次。

现在，几乎人人手上都拿着一款功能全面的智能手机或者是一部漂亮的iPhone，妈妈虽然不至于那么追赶潮流，可也换上了一部价值2000元的手机，还是爸爸给买的。只是，手机上面的功能多了之后，妈妈反而不怎么会用了。

最近，我老是收到妈妈发来的短信，不过，全都是空白的。我给她打过几次电话回去，想问问妈妈是不是有什么事情找我。妈妈接到电话后，十分无奈地表示没有给我发过短信，也没有什么事情要找我。

后来，趁回家看父母的时候，我找妈妈要来手机，发现其实是妈妈每次在接完别人的电话之后，反复按住同一个键，导致从手机里面发出多条空白短信。怪不得最近老听见妈妈抱怨电话费贵，原来，是贵在这个地方啊。

当我把事情原委告诉妈妈之后，妈妈缠着我，让我教她发短信。我挺不乐意地拒绝了，还说："平时有什么事情，打电话就行了，何必发短信呢？"妈妈像一个小孩子一样在旁边噘着嘴，一脸的委屈。

这天，我感冒发烧，请假在家休息。躺在床上的时候，没事儿正玩着手机，却收到了一条短信。一看发件人是妈妈，起初还想肯定是妈妈又不小心按错键发过来的空白短信，却不想打开后发现了下面的内容："女儿。你好，妈妈现在终于会发短信了。你在干嘛呢？"

看完妈妈这条有内容的短信，我心中一阵愧疚加酸楚。

28 岁 销售

一事一悟

父母辈对于新鲜事物的接受程度可能没有那么快，但是，作为子女的我们也应该耐着性子去教他们，只要他们有这方面的要求。妈妈学发短信，其实是想多一条跟我们沟通的途径，而我们，也始终是父母最想联系，也最牵挂的那个人。

第57件事：和妈妈煲电话粥

我在老家念的大学，学的是酒店管理。大学毕业后，被上海的一家公司聘用。与那些土生土长的上海人以及大学时期就在上海度过的人不同，在这座城市里，我所认识的人很少。

我所在的公司是一家大型餐饮集团，全国有多家连锁店。服务性行业工作的性质决定了我不能像普通上班族那样有固定的周末。通常情况下，都是按照排班表进行一周一次的轮休。本来认识的人就不多，如此一来，更加不利于结识到新的朋友，连少得可怜的几个旧友之间的关系也只能靠打电话或通过互联网来进行维系。放假时间的不统一，最终导致我们很难见上一面，即使大家生活在同一个城市。

与朋友在假期方面的冲突，导致一到放假的时间，我就找不到人一起玩儿，久了心生无所事事之感，有时反而期盼工作时间的到来。

在我的印象里，妈妈一直都是一个很严肃的人，对我的学习生活总是管教得很严格。小时候的我，很怕她，甚至常常不愿意靠近她。念大学的时候，除了每周例行公事一般地向家里汇报近况，再无过多的情感交流，直到离开老家。工作以后，妈妈主动给我打来了一个电话，电话那头的妈妈一改往日形象，跟我聊起了我童年的许多趣事。原来，小时候跟妈妈唠叨过的关于班里的同学和朋友，妈妈都记得，连好些我已经失去联系的老友的近况，妈妈都知道。

那天聊完电话以后，我对妈妈有了一个新的认识，原来她也不是我想象中的那么刻板，难以变通啊。彼此间的感情通过电话尽情传递，你一句我一句之间，让我对妈妈在原本只有敬意的感情外，多了一份类似于朋友间的亲密。

这以后，每当我想找人聊天，第一个想到的就是妈妈。为此，我还把妈妈的电话设为 5 号键快速拨通，因为 5 是手机上最容易按到的那个数字键。

放假无事干的时候，我就会习惯性地拿起手机，给妈妈拨个电话过去。我们一聊就是大半天。

之后，爸爸有次偷偷给我打来了电话，向我抱怨妈妈在家整天拿着电话讲不停，还怀疑妈妈是不是在外面有了别人，问我对这事是否知晓的时候，我才意识到煲电话粥的严重性了。据说，还严重影响到了爸爸的工作和休息。

在向爸爸认真解释一番之后，方让他消除了疑惑。但我和妈妈的电话粥又是不得不煲的啊，我们已经习惯了在电话里絮叨各自生活当中的琐事。于是，我很快在网上订购了一部手机，给妈妈寄了过去，这样一来，就不会打扰到爸爸的工作，而我和妈妈又能尽情地聊天了。

30 岁 经理

一事一悟

和妈妈煲电话粥是一件很有意思的事情，它可以拉近彼此间的距离，增进双方的感情。即使两人相隔千山万水，也能通过一个电话，传递爱意。很多时候，并不是我们离不开手机，说到底，是我们心中割舍不下那份亲情。

第58件事：跟爸爸一起练习毛笔字

爸爸的文化程度不高，当年只念到了初中，因为家里实在是穷得付不起学费，最后不得不放弃学业，在家务农。即使不能在学校读书，爸爸也并未放弃过对知识的渴求。除了每天跟着父母下地干活，没事儿的时候，就自己找些书来看。等再大一些的时候，就跟随村里的人进城打工，在一家工厂里面做临时工。

爸爸的一生，并不那么顺利，特别是在年轻的时候吃过不少的苦头。妈妈说，当年看上我爸，就是因为他老实，肯吃苦，为人稳重，这与她平日里所接触过的很多人都不一样。

爸爸和妈妈是在厂里面认识的。爸爸是厂里面有名的穷小子，而妈妈却是厂长的女儿。身份地位的悬殊让爸爸不敢靠近妈妈，而妈妈因为欣赏爸爸的才华，总是主动缠着他问一些技术方面的问题。

好在，爸爸妈妈的结合，并没有受到太多的阻挠。因为身为厂长的外公也是穷人出身，一路走来，同样吃了不少的苦，看着当年的爸爸，更多的时候，他想到了年轻时候的自己。

爸爸凭借着自己的不懈努力和优秀表现，在厂里受到了同事们和上级领导的认可，很快，就被提拔为一个生产车间的组长。在工作上，他永远都是拼在最前线的那一个，在生活中，他也不失生活乐趣。

家里的墙上，挂了不少装裱好了的字画，这些都是爸爸的杰作。虽然，爸爸当年因为家中原因，只拿了个初中文凭，但是，他却一直都没有放弃提升自己的机会，不断努力充实自己。每天晚上，他一定会花一定量的时间进行学习。为了陶冶自己的情操，更是买来纸墨笔砚学写毛笔字。

爸爸说，练习写毛笔字，在于持之以恒。从执笔开始，如何把笔拿好，拿正确，这也很重要。连苏东坡都说："把笔无定法，要使虚而宽。"写的时候，从楷书或隶书入手，这是学写其他字体的基础阶段，临帖也是必需的手段。

爸爸每天都会花大概一个小时的时间来练习写毛笔字。爸爸告诉我，写毛笔字不在于你写得有多好，而在于那个过程。从握笔，到运笔，再到把那个字写出来，都要把这颗心放到那里，放在笔上，同时也放在纸上。话虽如此，其实爸爸写的毛笔字还是很不错的，特别是他写的小楷，挂在墙上，每次来人，都不免被称赞一番。

可惜，在这方面，我未能得到爸爸的真传，字写得相当难看。倒是用电脑和手机键盘打字的速度飞快。关于为人处事这方面，更是不如爸爸那般心态平和，总是一副很急躁的样子。

"跟爸爸一起练毛笔字！"是我最近吼出来的口号。

26 岁 房产销售

一事一悟

从父辈们身上，我们可以学习到很多良好的品质，以及做人做事的道理。在人生的道路当中，每一个指点过我们的良师以及朋友都是值得我们珍视的人。而我们的父母，其实也在潜移默化当中扮演着良师这样一个角色。跟爸爸一起练毛笔字吧，从中体悟爸爸那份难得的心境。

第59件事：随妈妈一同八卦身边的琐事

小学三年级的时候，老师开始叫大家每天写一篇日记，每星期交一次。那时的日记，大多记录着与学习、生活有关的一些琐事，还有很多存在逻辑问题的话语。比如：早晨，我6点钟就起床了，然后拿着书在窗台上大声朗读。由于我读得太认真，太投入了，所以，连外面汽车开过的喇叭声都没有听见。

关于晨读的日记，每周都要写上一篇。至于上面的这段描述，后来被老师批注不符合逻辑。于是，我果断地在下一篇以晨读为话题的日记当中重新写道："又是一个阳光明媚的早晨，我早早地起床，拿着语文课本，大声地朗读了起来，因为读得太专心了，连8点钟了我都不知道。"

那些需要交给老师的日记，都是可以公开的。当我有了自己的一些小心思以后，我拿着过年的压岁钱，买了一个带锁的精致的日记本，至今仍记得封面上画满了紫色的碎花。上面记录了许多我当时内心的真实感受，比如对某个好友的看法，还有一天当中情绪的起伏，当然还有被自己视为绝对隐私的，对班上某个男生的暗恋。

那个时候，年纪虽小，情感倒很丰富，总觉得有一把锁就会是一种保险。于是，放心大胆地在里面尽情述说心事。那本带锁的日记，被我藏到了卧室中的书柜里，上面还放置着其他跟学习有关的书籍进行掩护。放学回家，吃完晚饭，除了跟爸爸妈妈坐在客厅的沙发上看上一会儿新闻之外，其余时间都是一个人在房间里面待着。待久了，难免被人怀疑。妈妈曾不止一次进行过突袭，好在每次我都反应迅速，化险为夷。

自己的那点小心思、小情感，不再跟妈妈进行交流，总是一个人藏在心里面，或者是写在纸上。妈妈总是在一旁很急切地想知道我的思想状态，但是，她越是企图去了解，我就越是不想让她知道。

至于妈妈当时心里的感受，直到我自己做了母亲之后才有切身体会。我的女儿和我小时候在行为方式以及情感方面有许多的相似之处，也是喜欢写写东西，把自己关在屋子里面，隐藏自己的心事。我也曾试图走进她的心，希望了解她的状况，特别是当她在最近一次无故离家出走以后。然而，我越是想靠近，发现她越是抗拒。为此，我不得不向妈妈请教。最后，妈妈给我出了个主意，听后感觉不错，遂决定实施。

第二天，我领着女儿，到商场里面给她挑了几件衣服，然后又去吃了她平时最喜欢吃的肯德基，目的只有一个，就是把她哄高兴了。回去的路上，我拉着女儿的手说："晚上和妈妈一起睡吧，好吗？"女儿用一种异样的眼光看着我，似乎不太情愿，但还是点了点头。

晚上，我跑到女儿的房间，和她睡在一起。关灯之后，我开始有一句没一句地找女儿说话。起初，我问一句，她答一句。慢慢地，女儿的话多了起来，或许在黑暗当中，人更愿意向他人倾述，表达自己的情感。这也是我妈妈教我的。听完女儿的话，我终于懂得了一些她的心思。待她睡着以后，我突然想，同样身为女儿的我，何曾向妈妈袒露过我的心声，我总表现出一副你不会了解的姿态。可说到底，是我不愿给别人机会让人了解。

同妈妈聊一下身边的八卦琐事，其实并不难，难的是我们有没有那份心。

34岁 老师

一事一悟

妈妈不仅是赐予我们生命的那个人，更是对我们倾注无私的爱的那个人。她们急于关心我们的一切，情感或者生活。把妈妈当身边的闺蜜，向她们诉说生活中的八卦琐事，她们会很高兴的。

第60件事：在老爸失落时给予一个鼓励的微笑

这天下班后，我坐在沙发上悠闲地看着电视，被剧中情景乐得在沙发上前仰后翻。老妈在厨房里面，叮叮咚咚地忙活着晚餐。明天就是周末了，难得大家不用早起，可是，都快8点钟了，还不见老爸回来。

妈妈催促着我给老爸打几个电话，电话打过去，没人接。这时候，饭已经做好了。我和老妈只好坐在客厅里，等着老爸回来一起开饭。

时间一晃就过去了，夜色愈加深沉，眼看都已经晚上9点了，可还是不见老爸回来。又一通电话打过去，还是无人接。正当我们准备打去爸爸同事那里的时候，听见有人拿钥匙开门的声音，估计这次应该是老爸回来了。于是，我搁下了电话。门开后，发现果然是老爸。老妈径直走向了厨房热菜，边走边念叨："终于回来了，怎么这么晚才到家呢？"

老爸默不作声，脸上显露出些许疲惫的神色。吃饭的时候，仍然保持着进门时的沉默姿态。只有我和老妈，有一搭没一搭地在那里闲聊着，试图打破这份寂静，害怕话一停，气氛就僵住了。

吃完饭，爸爸放下碗筷，进了书房，直到夜里12点钟，也不见他出来。爸爸肯定是在外面遇到了些事情，心里不痛快，但又不愿同我和妈妈讲。虽然他不说，我和妈也是能感觉到的。老爸就这性格，有什么事，都压在自己心里不说。说了怕我和妈妈替他担心，其实，心事不说出来，我和妈妈会更为他担心的。

当晚，我劝妈妈早点儿进房间休息，自己一直坐在客厅里等着爸爸从书房里面出来。差不多都深夜1点钟了，我坐在沙发上，连打好几个哈欠，望着窗外的明月，强打起精神来。这时，书房的门终于开了，爸爸走了出来，看见在沙发上蜷缩着身子的我，心中不免一惊，问了几句诸如我为何还未进房睡觉之类的关切话语之后，在我身旁坐了下来。我把头靠在爸爸的肩上，朝他做了个鬼脸。爸爸轻轻拍拍我的脑袋，说："鬼丫头，都这么大了，还如此调皮。"我笑着对爸爸说："爸！以后再有什么不高兴的事发生，就想想女儿给你的这个微笑！"

26岁 办公室文员

一事一悟

是人都会有欢喜悲愁，即使是我们的父母，也不例外。在他们感到失落的时候，不妨给他们一个鼓励的微笑。兴许不能帮助他们解决当前的那起烦心事，但是，至少可以让他们知道，在他们失落的时候，还有来自家人的力量以及子女的关怀。

第 61 件事：鼓励父母完成未完成的梦想

当年，由台湾艺人李宗盛作词作曲，张艾嘉演唱的《爱的代价》，唱进了无数追梦人的心中。歌曲开头“还记得年少时的梦吗，像朵永远不凋零的花，陪我经过那风吹雨打，看世事无常，看沧桑变化，那些为爱所付出的代价，是永远都难忘的啊，所有真心的痴心的话，永在我心中，虽然已没有他。”当中传递出了淡淡的忧伤，对逝去爱的怀念，对现实的正视，以及对未来的憧憬，情感丰富细腻。

这是妈妈最爱的一首歌，也是我最喜欢听的一首歌。特别是歌词中不断重复的那句“走吧走吧，人总要学着自己长大，走吧走吧，人生难免经历苦痛挣扎”。

每当我遇到一些挫折的时候，听听这句，就会觉得充满鼓励，在挫败面前，自己还未被打倒，还是有梦可寻，有梦可追。

年少时期的梦，谁都会有，有些人会一直放在心底，如同爱慕许久的梦中情人，只会远观，不愿触碰；有些人则选择勇敢地去追寻，至于梦想最后是否真的实现，其实并不重要，因为最值得怀念的永远是寻梦的过程。

父母在年轻的时候，也有自己的梦想。我记得妈妈的梦想是当一名舞蹈演员，碍于种种原因，无法实现，最后也只能把它当成是一个梦了。而爸爸的梦想，则比较朴素简单一点，那就是成为一个有知识、有文化、有修养的人。

小的时候，爸爸家里很穷，能吃饱饭就不错了，拿不出多余的钱供他念书。但他为人耿直，又好结交朋友，凭借着良好的人脉关系以及独到的眼光，靠做生意赚了不少钱。现在，爸爸算是一个有钱人，但他并不以此为傲，心中对文化人的欣赏和敬佩从未减少。

爸爸妈妈常常对我说，他们那个年代是没有条件去实现自己的梦想，不像我们这代人。很多时候，我能感觉到父母在我身上所花的心思，费的心血，除了努力之外，也很想鼓励他们完成年轻时未能完成的梦想。

26 岁 在读研究生

一事一悟

每个人都有自己的梦想，有些或已实现，有些或许到老死的那刻，都没办法达成心愿。要追逐梦想，需要冒险和勇气，鼓励父母完成未完成的梦想，也是做儿女的对父母的一种回报！

第62件事：骑上单车一同踏青

在老家的楼道口，摆放着一辆早已落满灰尘且锈迹斑斑的自行车。这辆车是爸爸的，放置于此大概有10个年头了吧。年轻时候的爸爸，到哪里都会以自行车代步。还记得在我小时候，爸爸最爱载着我去上学，下班后又蹬着自行车往学校赶，接我回家。我常常跟其他等待家长来接的小孩子一起，双手抓着大门的栏杆，用期盼的眼神，无限憧憬下一个由自行车发出的“叮铃铃”声会是爸爸的。

爸爸是一个有趣爱玩儿的人。小的时候，别的家长都会要求自家孩子，晚上几点钟之前必须上床睡觉，可我的爸爸从来都不会给我做这样的硬性规定。武打片演到精彩处，更是拉着我一起看。有天晚上刚好是我和爸爸一直都在看的一部古装片大结局，本来电视台都是在黄金时段播出这部剧，那次，刻意把最后一集放到了晚上10点半播出。那晚又恰巧星期天。看吧，怕影响第二天的学习；不看吧，又总放不下那颗悬着的心。

最后，爸爸做了一个英明的决定——看。于是那晚，我们父女俩守在电视机前，硬是把最后一集给看完了。第二天，我顶着一双熊猫眼，坐在爸爸的自行车后面，搂着爸爸的腰，眼皮都撑不起来。沿街卖东西的阿姨，还冲爸爸吼了一声：“你女儿在后面快睡着了。”

前一夜与爸爸奋战后的直接结果就是：一天下来，我都迷迷糊糊的，全然不知老师在讲些什么。下午最后一堂课，下课铃响的那会儿，我心里异常甜蜜，仿佛终于迎来了曙光。

想想那些跟爸爸有关的日子，有很多跟那辆单车相关的记忆片断。如今，爸爸出门不再骑单车，鉴于对它的不舍，也一直没有丢掉，而是放在了楼道的角落里，默默地见证着时光的流逝。

在大家都开始提倡环保的时候，我果断地买了一辆单车，决定邀爸爸一同出去踏青。而这一次，我要载着爸爸，到青山绿水间，到蓝天白云下，到夕阳余晖中，一起去享受自然，还有重拾那份被快节奏生活冲淡的亲情。

28 岁 中学体育老师

一事一悟

和父母骑着单车一同外出踏青是极富意义的一件事情，它好过周末的时候同朋友一起泡夜店，也好过邀上三五好友通宵K歌，更好过将时间花在无休止的加班上。在大家都讲求环保的时候，不妨买上一辆单车，和父母一起，周末踏青。

第 63 件事：在昏黄的路灯下同聊往昔

外婆的家在一个不大不小的院子里，这院子是公用的。院子里总共住着四户人家，好些一住就住了一辈子。所以，周围的邻居变得跟自己的家人一般亲切。你看着我的孩子长大，我参加你们家儿子的婚礼，彼此见证着家庭中的悲欢离合，有喜，有乐，有怒，有哀。套用外婆常挂在嘴边的一句话：人生就是一场戏，个中辛酸，各自体会。

妈妈是在这个院子里面长大的，同妈妈一起成长的除了家里的舅舅，就是隔壁张奶奶家的闺女了。她们属于同一个时代出生的人，所以，比起院中别的小孩来，能有更多的共同话题聊。

如今，这院子早就没有了当年的温馨。老一辈的一个个离去，新一辈的又都纷纷在城里买了房，剩下的不是在此打工租房的陌生人，就是尚且活着的老人们。

这院子不属于封闭型的，从外婆家的门口穿出去可以到达一个池塘。池塘的那边，又有个院子。不过那可是一个大院儿啊，里面住的人多，一直都很热闹。特别是早些年电视机刚出来的时候，大院儿里最富有的那户，大方地把电视机搬到院中供整个院的人看。大家说说笑笑，嗑着瓜子，吹着牛，拿着蒲扇，电视剧的声音，伴着池塘中不时响起的蛙声，别提多幸福了。

当然，这是夏天时候的景象，到了冬天又是另外一番情景。晚上天一黑，大家各自关门，洗脚上床睡觉。屋内，热气腾腾的洗脚水和炉灶中忽明忽暗的火，还有昏昏欲睡的人儿有一句没一句的谈话声。屋外，一片凄冷寂静。不过，此时从电线杆上面投下来的昏黄的灯光，倒是给这寒冷的冬夜增添了几许暖意。

自从外婆住的院子里的人员关系发生变动以后，妈妈便把外婆接到了我们家住。外婆家的房子，就此闲置了下来。这天正好说起回那屋拿什么东西，我二话不说地跟着妈妈回去了一趟，因为我也想念那里了。

那里不仅仅是妈妈成长的家，也是我儿时常待的地方。小的时候，因为妈妈爸爸工作忙，常把我丢给外婆帮忙照看。因此，我跟外婆也是有着很深厚的感情。

那天去的时候已是下午四五点钟，找东西花了点儿时间，等把一切弄好，夜已来袭，路灯缓缓亮起。本来我们都已准备离开，但看着这夜，这灯光，妈妈突然拉着我的手，说："不如，我们在门口坐着聊聊天吧，好久都没回来了，也好久都没有和你聊天了。"

最后，我们母女俩坐在门口的石凳上，聊起了往日那段岁月……

27 岁 小学语文老师

一事一悟

每个人都会有属于自己的那段记忆，记忆当中的人和事，或美好，或悲伤，不管怎样，都弥足珍贵，难以忘怀。同爸爸妈妈一起聊往昔，是一件快乐的事情，听听他们的童年，再听听他们讲述你的童年趣事。

第 64 件事：问妈妈初恋的滋味

每个人都会有属于自己的初恋，每一段初恋都会构成人生当中的一个回忆，而每一个回忆，都会有专属于它的特有味道在里面。这滋味究竟如何，大概只有用心尝过的人才能体会。

张艺谋拍的《山楂树之恋》，从宣传上来看，就是刻意营造了一份初恋的味道，一种现代人苦苦寻觅却又无处可寻，又或者是被快餐式、快节奏的生活方式所牵引着，忘了停下脚步想想的，那份来自内心深处的，对爱的渴望。

不管初恋留给你的是酸酸涩涩的，犹如青苹果般的滋味，还是像蜜桃一样甜蜜的口感，对你我而言，都有着同样的美好情感在里面。

有相恋，就会有失恋，而初恋留给人们的伤痛，估计终生难忘。我记得我第一次恋爱那会儿，每天高兴得如同从心底里开出了一朵花，如同向日葵般的花，迎着太阳微笑。然而，当阳光不在，花儿凋谢，我每天躺在床上，不吃也不喝，哭得跟个泪人一般。恋爱的时候，觉得每一首情歌都是为我而唱，失恋的时候，发现首首情歌听来只会愈加让人神伤。

《山楂树之恋》上映那会儿，我是和妈妈一起去看的。看完后，我居然发现妈妈哭了。带着一份好奇与关心，我问妈妈怎么了，妈妈擦了擦脸上的泪说：“没什么，只是让我想到了我的初恋。”

“妈妈的初恋，该会是什么样子的呢？”我心里开始嘀咕起来。

回到家里，我丢下手中的包，赶紧接了一杯水，放桌上，再把妈妈拉到椅子前，让她坐下，然后就开始缠着妈妈，非要她给我讲述关于她的初恋故事。

26 岁 服装设计师

一事一悟

妈妈的初恋故事，你又知道多少呢？作为她们的儿女，我们习惯了对她们撒娇、任性，甚至于耍无赖。在我们失恋的时候，除了朋友的安慰，还有她们在身边抱着我们说：“乖，没有了他，还有我在。”如果把我们比喻成一艘一心想要远航的小船，那她们永远是我们安心停靠的港湾，那是不管我们走多远，在遇到风浪的时候，最为怀念的避风港。

第七章
温暖犹存：

感动全家的幸福瞬间

第 65 件事：给父母的感谢信

儿子已经上小学二年级了。这天，他兴高采烈地跑到我面前说：“爸爸！老师让我们写一篇作文，作文的题目就叫做《写给爸爸的一封信》。作文我已经写好了，现在就让我念给你听听吧！”

听到这里，我摸着儿子的小脑袋。本想要拒绝，因为最近手头上的工作实在让我忙得不可开交，可儿子却一脸认真地说：“不！老师说了，这封信一定要我亲自念给爸爸听，而且要大声地念出来。”

见儿子如此较劲，我放下手头上的工作，坐那里，准备听他念。当儿子用掷地有声的声音念出了“写给爸爸的一封信”这几个字的时候，我不免微微笑了几下，心想：“傻小子，认真起来挺像他爸的。”

“我的爸爸是一名交通警察，每天穿着帅气的制服，站在大马路上指挥交通，寒来暑往，不曾间断。虽然辛苦，可在我看来，爸爸却是世界上最可敬的人……”这是儿子写的那篇作文的开头。

在儿子大声读那篇作文的时候，我半是走神半在听。走神是因为我突然发现平日里忙于工作，我已经很久没有以这种方式跟儿子进行交流沟通了；而听儿子作文里的内容，让我既感动又羞愧。感动的是，原来儿子对我这个父亲充满了敬意，羞愧的是我常觉得我这个做父亲的不够称职。

不出10分钟，作文就念完了。当听完他念最后一句话的时候，我居然萌生出想哭的冲动。而这种冲动，是长大成人后的我很难有的，是一种很细腻的内心感受，是作为男人的我所刻意去隐藏的一种情感。同样也因为这句话，让我下定决心去做点儿什么，为我的父亲。

“爸爸，谢谢你！”这就是儿子作文的结尾，也同样是我想对爸爸喊出的一句话。

我是一个大男人观念很重的人，这点儿和我的父亲有点像。心里即使有很多的想法和感触，也会刻意隐藏起来，从不在外人面前轻易表达自己的情感。这点儿，真不好。我常常羡慕那些可以自由表达自己喜好，随时将自己的情绪表现出来的人，不过，前提是不能伤害到周边人。

不管遇到什么困难，我都习惯选择独自一人去解决，实在是处理不了的时候，才向周边人寻求帮助。可是，再独立的性格，也会有内心脆弱的时候，当无助时，别人还是以为你是可以应付下来的。

“爸爸，谢谢你！”很简单的5个字，怪我嘴拙，实在是说不出口！最后，我选择了以文字的方式来表达这份对父亲的爱意——写信。写一封信，一封由父亲亲自签收的信；写一封信，在信中表达我对父亲的爱；写一封信，在信中勇敢地写出“爸爸，谢谢你”5个字。

29岁 交通警察

一事一悟

对父母的情感，当我们实在无法用言语来进行表达的时候，何不选择换一种方式呢？就比如写信。父母恐怕已经有很多年没有收到过别人寄去的信件了吧。写信，是一件怀旧的事；拆信，是一件激动的事；看信，是一件感动的事，特别是当这是一封由子女亲手写给父母的感谢信的时候。

第 66 件事：大年三十的记忆

大年三十的晚上，举国同庆，家家户户张灯结彩，处处充满着欢声笑语。饭桌上鸡鸭鱼肉轮番地上，电视机里春节联欢晚会热闹放映，烟花声、爆竹声，更是不绝于耳。

这就是我关于大年三十的记忆。

记忆是一个好东西，它能将过往的一切收藏起来。但回忆也是一个可悲的东西。之所以要回忆，是因为在你现在所处的状态下，已经再也搜寻不到它的踪影，或者说即使勉强能找到，其出现的频率和几率也是微乎其微。

所以，当爸爸回忆大年三十的一些情景片断的时候，我就拼命调动自己的记忆，与之回应。经过往年与现在的对比、探讨，发现了诸多不同。首先，热闹不再。其次，还是热闹不再。

热闹这个东西，是需要众多元素共同烘托的，缺一元素，就少一点儿。比如，往年过年，家里人定是要聚在一起的。如今，选择离开本地，外出务工人员增多，地理上的距离加上春运期间交通方面所带来的压力，导致很多人放弃了回家过年的想法。过年图个啥，不就是一家团圆吗？如果家都不齐，再有一桌子的美味佳肴，春晚节目办得再好，外面的鞭炮声再响，礼花再绚丽，又有什么意义呢？

不过，即使一家人都聚齐了，也很难热闹。现代人的满足感与幸福感降低，除非是离家多年，深切体会过家的可贵，并珍惜家庭温暖的人，否则聚在一起，也难免吵吵闹闹，并为之伤神动气，最后闹得谁也不愉快。

爸爸之所以找我聊这些，算是对我的一种提醒，除此之外，算是忠告，也是警告。提醒我回家过年；忠告我家的重要性；警告我不管在外怎么样，这儿都还有我的家。

29岁 工程师

一事一悟

大年三十是一家人团圆的日子，工作再忙，生活再累，也别忘了停下来，放下手头上的工作，回到家中，陪爸爸妈妈过个年。你是他们永远的牵挂，也是回家最好的礼物。

第 67 件事：中元节陪同父母去烧点纸

农历的七月十五是中元节，又叫盂兰盆节或者鬼节，在中国的传统节日里，算得上是比较有特色的一个节日。小时候听外婆讲，这天鬼门大开，住在阴间的亲人返回阳间跟家人相聚。所以，一桌子好酒好肉的招待，自然是少不了的。除此之外，还有很重要的一环就是给他们烧点纸钱过去。

现如今的冥币，越做越花哨精致，数额也越来越大，面额标注百万千万的一点儿都不稀罕。除此之外，还可以烧“房子”、“车子”、“手机”这类东西过去，更有甚者烧“美女”。说到底只是活着的人寄托一份对死者的哀思。

小的时候，跟着父母过中元节，烧的大多只是一种黄色的纸。我常常问爸爸，“这一张粗糙的黄黄的纸，在那边算多少钱啊？”爸爸说，“寄过去之后，他们自会安排。”爸爸的回答，现在想来只是想堵住我那张好问的嘴巴，其实他也是不知道答案的。

烧纸的时候，并不是拿火一点完事，这当中，还是有许多讲究的。烧之前，要把买来的纸，打包封好，每个人给封几个包，这也是要事先算好的。免得烧过去的钱，分不均，那就不好，显得偏心。每个包上面还需注明这包的接收人是谁，谁寄的，就跟平时写信一样，但又比写信显得庄重、严肃一些。具体表现在你要注明这当中的辈分关系，用词也要讲究，从中一定要让人感觉到寄钱人的那份敬意。

老一辈的，还会用毛笔在上面一笔一画地书写。

还记得外婆告诉过我，烧之前，还要备一些散的，目的是烧给那些没有家人寄钱去的孤魂野鬼用的。

29岁 心理咨询师

一事一悟

中元节，这一颇具特色的节日，有着深深的国人情结在里面。即使阴阳两隔，也割舍不断当中浓浓的情谊。夜色中，冥币燃烧起来的阵阵浓烟，正诉说着对死者的不尽哀思。对死者尚且如此，活着的我们，是否更应该珍惜生命的美好以及家人的可贵呢？

第68件事：月是故乡明

不知不觉，又到了八月十五月圆之夜。一年一度的中秋佳节，对国人来讲，是一家人团圆的日子。中秋吃月饼也是多年来形成的习俗。如今的月饼，包装越来越华丽，看着屋子里堆满了的礼盒装的月饼，实在无心拿来品尝。这些都是单位里的同事，还有平日里有生意往来的合作伙伴送的。我也买过类似的礼品装的月饼，通常自己吃的就不会买，买的都是准备要送人的。如今，送的就是一个包装，真正吃月饼的人，反而越来越少了。

这倒让我想起了小时候过的中秋节。那个时候，经济困难，月饼大多是用红薯、瓜子等材料做馅儿，蛋黄的很少。月饼供给不多，买月饼也没现在这么方便，一般都是根据家里的人数，有几口人就只能买几个月饼。我们家，兄弟姐妹虽不是很多，但也不少。大家一大早就去排队，就为了能买到莲蓉或者是蛋黄馅儿的月饼。不过，通常能买到豆沙馅的就已经很不错了。买回来之后，妈妈把每块月饼分成五份，分好后摆好，等晚饭过后，拿出来，刚好够家中的五个人一人尝上一口。

我们家一共有三个小孩儿，我在家中排行老二，上面有个哥哥，下面还有个妹妹。中秋节吃月饼，是我们三个小孩儿在这一天当中最盼望的事情了。早早地吃完饭，看着妈妈把摆放好的月饼往桌子上一放，口水直往上冒。那月饼是多么美味、多么诱人啊！通常我和哥哥都是拿到手后就赶快往嘴巴里塞，妹妹总是吃得最慢的一个，也是吃得最小心翼翼的一个，生怕一口下去，月饼就没了，所以即使放进嘴里，也含着，老半天都不见她咽下去。

小时候的我，是家中最淘气的那个。每次我的月饼吃光了，而妹妹还剩那么几块，我总想方设法把妹妹的月饼骗到手，偶尔还会动用一些暴力手段，比如直接抢走。被欺负了的妹妹，通常都会大哭一场。这个时候，爸爸就把自己还没吃完的全部留给妹妹。家中常常上演这样的闹剧。其实，平常有什么好吃的，爸爸妈妈总是让着我们。那会儿小，都不懂事，只知道自己高兴。现在才明白做父母的真是不易。

随着社会经济条件的整体改善，我们家也过上了小康生活，再也不用为了几个月饼在那分来分去，一个人想吃多少就有多少。月饼是有了，可吃月饼的人却越来越少。大哥大学毕业后，和朋友一起创业，自己开了间公司。这几年规模越做越大，生意忙得好几年没回过老家了。小妹儿忙着考研。而我，也忙着工作赚钱。

今年中秋，又不能回家了，只能给家里打个电话问候问候两位老人。拨通后，电话那端的二老正在观看中秋晚会，我问："月饼吃了吗？"妈妈回答："你们都不回来，我们哪有什么心情吃月饼呢？"说完，听见电话那头传来了爸爸的叹息声。

35岁 报社总编

一事一悟

在我们成长的岁月当中，父母陪伴我们度过了那么多的传统节日。在父母年老以后，我们却不能陪在父母身边，欢度每一个中秋。父母年老后的快乐，很大程度上都来自于子女对父母的关爱。月是故乡明，趁着月圆之夜，放下手头上的工作，回家好好陪陪父母，吃吃月饼，赏赏月吧！

第69件事：亲手制作相册合集

家中的书房，有一张爸爸妈妈结婚时就已置办好的办公桌。据说，还是姥爷送给他们的。当年，姥爷听闻他们二人结婚的喜讯，二话不说，将自家院内的那棵大树给砍了下来，找来几个木匠，为爸爸妈妈置办了一套婚后居家过日子用的家具。这张办公桌，便是其中之一。

桌子表面压着一块厚厚的玻璃，里面铺着一些老照片，有爸爸妈妈当年结婚时候的照片，也有我满月时，他们抱着我的照片，还有过年时，全家人在一起的全家福。这种放照片的形式，相信早些年很多人家里都是如此吧。

里面大部分照片由于年代久远，已经开始慢慢发黄，而压在上面的那块玻璃，一年前还被换过一次。每次回家，爸爸都爱拉着我来到书桌前，指着上面的照片说个不停，说完后总不免感伤一番。特别是当说到那张满月照的时候，爸爸就会摸着我的头说："看！那个时候还那么一个小不点儿，转眼间，就长到爸爸耳朵这么高了。"

工作后，我不常回家。妈妈爱给我打电话，唠唠家常，但爸爸不爱打电话，也不愿多说。这大概也是男人和女人之间的区别吧。不过，妈妈倒是常在电话里偷偷告诉我一些事，关于爸爸无意当中流露出来的对我的思念之情的事。爸爸不善于表达自己的情感，总以严父的姿态出现在我的面前。知道他很爱我，也很想我，好不容易回趟家，进门的那刻，我猜想他内心一定是很激动的，但他会很镇定地只说三个字："回来了？"虽然简短，可在我看来充满了力量，来自于父爱的力量。

这次回家，给爸爸买了台笔记本电脑，拆开包装以后，放在了那张书桌上。爸爸对电脑这个东西的熟悉度跟同龄人比起来，还算好的。基本的一些程序、软件他都会。只是，令我颇感意外的是，晚饭前，他激动地拉着我和妈妈到电脑前，然后用鼠标打开一个命名为“家庭相册合集”的文件夹，再双击里面的文件，结果出现了一个动感相册合集，还配有音乐。一张张发黄的老照片，经过扫描，录入电脑中，再经过老爸的后期制作，相当有意思。

爸爸将这份制作好了的相册合集复制了一份给我，爸爸说：“想家的时候就看看。只要全家的心在一起，到哪里，都不远。”

29岁 程序员

一事一悟

家中发黄的老照片，是否已被大家遗忘在那块玻璃下，又或者是某个老旧的相册里。把这些陈年的照片收集起来，制作成一个合集，不管是以电子档的形式，还是自己手工制作而成，你都会发现其中的乐趣，陈年往事和童年趣事会随着一张张照片涌上心头。

第70件事：拿起染发剂遮住父亲鬓角的白发

我的老家在一个县城。念完初中以后，为了能让我接受更好的教育，父亲痛下决心将我送到市里面的一所学校读书。在我人生当中，这算第一次真正意义上的离家。是父亲送我到的学校，那天替我把床铺好后，我们父女俩在学校的食堂，一起吃了顿饭。饭后，父亲赶着坐车回家。

从县城到市里面，得坐将近两个小时的汽车。父亲走的时候，望着他离去的背影，我默默地流下了眼泪。我想，这是每一个初次离家又恋家的孩子都有过的情感经历吧。刚开始的时候，同寝室的室友在夜里熄灯后，最常聊的便是家里的种种事情，结果一个个越说越想家，仿佛一群被人从家中抓到学校关押起来的犯人一般，放假也就代表着刑满释放。因为想家而躲在被子里偷偷地哭泣，是那个时期的我最常干的事情。

高中时期的学习是很紧张的，特别是在那样一所重点中学里，竞争很是激烈。一个星期除了5天的正常上课以外，还有一天的补课时间。除了比较长的寒暑假，通常情况下，是很难有机会回次家的。家就像一块磁铁一般，对我有着强大的吸引力。在外的时候，吸引着我回去，回去之后，又让我难以离开。

读书时期这样，工作后依然如此。毕业后，许多同学选择去一些一线城市发展，但我选择了相反的路，回到老家，同爸爸妈妈一起生活。究其原因，其实再简单不过，无非源自内心对家的深深眷恋。

在县城里面找一份在周围人看来相当不俗的工作，过着朝九晚五的生活，多余的时间，除了看看书，晒晒太阳，然后就是和家人待在一起。我喜欢陪着妈妈买菜，也喜欢跑到厨房里面，在锅碗瓢盆、油盐酱醋之间游转，更爱看着一家人吃着可口的饭菜。

这天父亲照镜子，发现鬓角处的几缕白发，正发愁不知如何是好。恰巧被我撞见了，于是拍着父亲的肩说：“爸！放心吧。下班回来的时候，我去买一支染发剂，保你明天又是黑黝黝的头发了。”

26岁 公务员

一事一悟

父母对子女的爱，很纯粹；父母对子女的要求，往往也很简单，那就是希望我们健康快乐。对于现实的一些困惑，往往源自我们内心的诸多不满。其实，孝敬父母的方式有很多种，不管是以哪种形式，只要我们所表达的是对父母的真爱，他们都会很感动的。

第71件事：热气腾腾的洗脚水

记得前几年有一则公益广告，内容大致是妈妈为年迈的老人倒了一盆热气腾腾的洗脚水，这情景恰好被门外的孩子偷偷看见了。于是就有了下面这一幕：当妈妈坐下时，孩子端了一盆水，用稚嫩的声音说：“妈妈洗脚。”

相信广告当中出现的最后一句话，给许多人留下了深刻的印象。父母就犹如孩子的一面镜子，从中可以窥视出自己的优良品质，当然，也可以看到自己的不足。

我的孩子在看完这段广告以后，在接下来的很长一段时间里，都会端着一盆热气腾腾的洗脚水走到我面前，让我洗脚。尽管当时正值酷热难耐的夏天，晚上根本不需要用热水烫脚，但是孩子的行为还是让我这个做妈妈的很是感动。感动之余又有一份深深的愧疚在里面。愧疚的是，我已经没有机会端着洗脚水给我的妈妈，让她洗脚了。

我天生体质偏寒，冬天的时候，比别家的小孩儿都怕冷。每天晚上，妈妈都会准备一大壶开水备在一旁，倒在盆子里，让我泡脚，凉了就往盆里继续添点儿热水，把脚彻底泡暖和了再让我上床睡觉。还记得怕冷的我，最爱跑到妈妈的床上，赖着不走，钻到她的怀里，美美地睡上一觉。

习惯了妈妈身体的温度，也习惯了妈妈在冬夜里为我准备好的洗脚水，更习惯了妈妈无声无息的爱。当一切忽然之间不在的时候，只得强迫自己去习惯。

妈妈将爱无私地给了我以后，转身悄然离开，除了心里常常泛起的对她的思念，更有想把爱回报给妈妈的渴望。或许，人往往都是在失去之后，才明白拥有时候的可贵。

35 岁 投资理财分析师

一事一悟

给妈妈倒一盆热气腾腾的洗脚水，其实是一件很简单的事情。但往往越简单，越容易做的事情，越是让人觉得反正来日方长，以后再做也不迟。结果，一天推一天，到最后，机会没了，事情还是没做，那时后悔也晚了。

第72件事：送妈妈的一束花

在我的记忆当中，妈妈是一个很娴静且精致的女人。这从家中的摆设就不难看出。窗台上永远都会放着一束花，还有各色精致的陶器，以及客厅里摆放着的好几套茶具，这些都是妈妈弄的。

快到夏天的时候，窗台上还会放几株薄荷。妈妈说，薄荷具有驱虫的功效，放在窗台，可以有效减少屋内蚊虫的叮咬。到了薄荷生长的旺季，还可以直接从盆栽里摘几片薄荷泡在水里，再加点柠檬或者是冰糖，喝起来清新又爽口。

家中除了夏天放薄荷外，还摆放了其他一些植物。比如，兰草以及同样也是在夏季开花的栀子花，还有非常耐旱的虎皮兰。每种不同形态的植物，妈妈会为它们挑选不同样式的花盆。兰草的花盆当属所有花盆中最具有田园气息的，古旧的土陶，上面还长有一些绿色的斑迹。栀子花的花盆则显得干净精致许多，或许正好可以衬托出栀子花的纯洁与婉约。其中最为大气的当属虎皮兰的花盆底座了。

从小我就爱看妈妈在屋里摆弄各种花花草草。记得妈妈还去专门学过插花。没事儿的时候，妈妈邀上三五好友，在一起品茶聊天。

转眼就快到母亲节了，商场里，电视上，广播中，无不提醒着人们母亲节的到来。与之相关的活动更是层出不穷。鲜花店内的鲜花都呈现出卖断货的繁荣景象。我开着车，转了好几个鲜花市场，都被如织的人流给吓了回去。最后终于在靠近加油站的一家小店内，买到了一束红色玫瑰。

大概正是由于小店所处的位置比较偏僻，所以前来买花的人不多。后来一问才知道，原来这家店是家连锁分店，店里的花全部来自自家花圃内种的，而花圃就在这店的后面。

店员将我所要的红玫瑰细心包好，付款后，拿着红玫瑰的我径直开车上路。夜色越来越深沉，汽车所开往的方向也越来越偏僻，红玫瑰被我放在了副驾驶的位置上，夜里开车的时候有风，于是我将车门关上，避免把花吹乱了。红玫瑰娇艳欲滴，楚楚动人，是妈妈生前的最爱。

我常常在想，如同妈妈这般娴静的女子，为何会钟情于如此火辣的红玫瑰呢？那应该是一个烈焰红唇般的女人才会有的喜好呀！

不知不觉间，车已抵达目的地。把车停好后，我手捧红玫瑰，迈着不急不缓、不轻不重的步子，沿着修好的石板小道，来到了妈妈的坟前。坟墓上有妈妈生前的照片，微微上扬的嘴角，温暖的目光，姣好的面容，一切都让我觉得那样熟悉，但又那般遥远。

我将那束买来的红玫瑰放在妈妈的坟前，鲜花与美人，交相辉映。

31岁 私企老板

一事一悟

但凡女人，都是需要鲜花来衬托的。买一束花，送妈妈，不管今天是否是母亲节，也不管是不是妈妈的生日。如果妈妈问送花的原因，你只需要告诉她：“美人是需要鲜花来配的。”

第73件事：清明节扫墓

“清明时节雨纷纷，路上行人欲断魂。借问酒家何处有？牧童遥指杏花村。”这首由唐代诗人杜牧所作的诗，形象地描绘了清明那天的节日气氛。

清明是我国的二十四节气之一，也是最重要的祭祀节日。在这一天，人们通常都会安排祭祖或者是扫墓一类的活动。一家老小，带着酒水、瓜果和其他一些食物，来到家中逝去亲人的坟前，摆上酒水、供品，烧点纸钱。这些酒水和供品在祭祀完后，可以拿来吃，据说活着的人，吃了供品还可以免灾。

对于清明节的记忆始终是很模糊的，大概跟这天总是透着淡淡的忧伤有关，淅淅沥沥的小雨，朦朦胧胧的雾气，还有似在沉睡的人们，总有一种暧昧不清的情愫在里面。

小的时候，跟着爸爸妈妈他们一起过清明节，到爷爷奶奶的坟上，点烛上香，烧纸钱，然后摆上供品。爸爸还会特意买几串鞭炮放，说是响亮的鞭炮声可以告知他们，我们来看他们了。此外鞭炮声放出来显得热闹，住在附近的人听见了也会明白这坟还是有人在照看着的。

只是每次清明节扫墓，临走前，爸爸都会对着坟头深深地叹一口气。这口气叹得那叫一个悲凉，有时候，还眼睛红红的。

自从我离家学习工作以后，很多年都没有在清明节这天回家扫墓了。更多的时候，是打个电话回去，叫爸爸妈妈代我向家中老人上一炷香。

30岁 银行职员

一事一悟

清明节扫墓，传递的是亲人间无尽的思念，生者对死者的思念，还有活着的人怎么都割舍不了的亲情。在清明节这天，跟着爸爸妈妈一起去坟前，祭拜一下家中逝去的亲人吧。

第74件事：在父亲醉酒时递上一条热毛巾

父亲是一个酒量相当不错的人。但凡别人在我面前提到父亲，都不免由衷地夸赞一句："你爸酒量真好！"每次听到这话，我都不知道是该高兴还是该觉得心寒。因为酒量再好的人，也会有喝醉酒的时候。喝的时候都开心，但是醉酒后的痛苦，我想大概只有他自己能体会。

每次见到父亲醉得不省人事的时候，最担心的人，就是母亲。热毛巾、热开水、痰盂之类的统统备在旁边。热毛巾是拿来擦脸、敷脸用的，热水是用来喝的，至于痰盂，则是吐的时候用。

在父亲喝酒史上，有过好几次喝大的经历，还闹出了不少笑话。记得有一次喝醉以后，一个朋友不放心，非亲自送他回来。因为小区里面住的全是一个单位的，平时也都认识，于是那人便放心大胆地把父亲送到了小区门口就离开了。父亲那晚没能进到自己家的门，直接睡在了大院儿里。第二天，这件事传遍了整个单位。母亲为此生了很长一段时间的气。

不过有一点是很奇怪的，不管父亲在外面的时候怎么喝酒，回家后一定不会在饭桌上面嚷嚷着要酒喝的，不管当天妈妈做的饭菜多丰盛，除非家中来了什么重要客人。

后来我才明白，父亲年轻的时候确实爱喝酒，但现在喝酒纯粹只是为了应酬。父亲说："上了年纪才明白，没有什么比身体健康更重要的了。"

父亲在机关单位里面上班，也就是所谓的公务员，混了个一官半职，平时免不了参加一些饭局。中国人爱把事情放到酒桌上来谈，一谈就要喝酒，总觉得只要喝高兴了，所谈之事也就成功了一半。

父亲的身体，也在一个接着一个饭局之后，逐渐走上下坡路。为了自己的身体着想，父亲已经尽量避免参加一些不必要的饭局。如果实在推脱不了，也不会像年轻时那般拼命喝酒了。

我常常问父亲，这样累吗？父亲总是和蔼地回答："活着，谁都累，但是每次喝醉酒看见你妈为我递上来的一条热毛巾，我就觉得不累，甚至觉得自己所有的付出都变得有意义起来。"

听完父亲的回答，觉得他和母亲之间的感情实在令人称羡，且让人倍感甜蜜。父亲又说："爸爸在外面再辛苦再累，只要看见这个家好，就会觉得一切努力都是值得的。"

28岁 报关员

一事一悟

你的父亲是不是也是平日里忙于工作，忙于在外的应酬呢？如果是，那当他喝醉酒的时候，别忘了给他递上一条热乎乎的毛巾，让他能时刻感受到来自家人的关怀与温暖。

第75件事：给爸爸的一个吻

在我们家中，有很清晰的男女界限。爸爸那边的家庭成员以男性居多，甚至可以毫不夸张地说，全是男的。爸爸在他们家里排行老二，上面有个哥哥，下面还有个弟弟。而妈妈这边的家庭成员，则以女性为主，外婆总共有三个孩子，清一色的女人。

所以，我常常跟身边的朋友念叨，我们家的男人都特别的男人，而女人也特别的女人。在这样一个家庭中成长起来的我，不管是从性格上还是穿着打扮上来讲，都异常中性。这让爸爸妈妈也很不解，或许这就是在极端环境下造就的另类吧。

小的时候，跟妈妈一起逛街，就总有阿姨把我当男孩儿。更有趣的是，还被人笑话我上女厕所。好在，随着年龄的增长，为了避免类似的误会再次发生，我狠下决心把头发留长。

“既然内在的东西很难改变，那就从外在方面开始下手吧！”

这是爸爸对我的劝导。从短发到长发，是一个漫长的过程，特别是当头发刚好长到肩膀位置的时候，那种想一剪刀下去的冲动从来没有断过，好在关键时刻我还是控制住了心中的那把火。“留吧留吧，我就不信你不长。”我喜欢对自己进行一些自我安慰。

当我头发真的留长了之后，我每天起床照着镜子进行自我心理暗示：我是淑女。没想到，此招还颇为奏效。经过长达一年的努力，头发长了，人也真的变了。行为举止不再像往常那样毛手毛脚，说话也开始变得轻声细语起来。

最近一次和爸爸妈妈一起逛街，我们三人找了一家餐厅就餐。在妈妈上洗手间的空当，一位爸爸多年未见的好友从另外一桌走了过来，一阵寒暄招呼之后，对我投来了异样的眼光。更是对着爸爸耳语了一番，只见爸爸的脸一阵红一阵绿的，煞是难看。

在我的追问之下，爸爸终于道出实情。原来那位好友问我爸什么时候换女人了？把爸爸弄得十分尴尬。从洗手间返回的妈妈在听闻这一事情之后，笑得腰都直不起来。

临走前，我们一家三口刻意走到刚才那位朋友桌边，一来道别，二来想澄清事实。我挽着爸爸妈妈的胳膊，故意在那人面前，调皮地朝爸爸的脸颊吻了一下，随之又吻了妈妈。

那朋友见状立马用大笑化解了尴尬，还不忘补充一句：“你们一家三口真让人羡慕啊！”

24岁 在读大学生

一事一悟

“让我轻轻地吻着你的脸，擦干你伤心的眼泪……”来自《不再让你孤单》这首歌当中的一句歌词，细听，同样会觉得像父亲唱给女儿的歌。都说女儿是父亲上辈子的情人，不管这话正确与否，父亲对女儿的爱是真的不会变的。给爸爸一个吻吧，谢谢他对女儿的爱。

第八章
思念成灰：
不要狠心剪断父母手中的风筝线

第 76 件事：千万别忘了告诉父母“我很好！”

毕业那年，在未来发展这个问题上，我与家里发生了严重的分歧。父母希望我能考研，要不然就考取当地的公务员。但这一次，我拒绝听从父母的安排。爸爸问我原因，我只简单地回答了一句：“我希望遵从自己的意愿去生活！”话音刚落，爸爸脸上立即显出失落与愤怒的神态，对此我至今记忆犹新。

在家长的眼中，我一直都是一个乖巧听话的孩子。在老师的眼中，我也是一个刻苦勤奋的好学生。每次的家长会，是父母感觉最光荣的时刻，至少在年少时期的我看来的确如此。家长会上，父母总被老师请到台上讲几句，作为其他家长学习的楷模。

从小到大，除了学习，父母对我再无其他的要求。真的可以算得上饭来张口，衣来伸手般地照顾我，宠爱我。不过，前提条件是学习成绩一定要好。要是哪次考试成绩下了年级前三名，爸爸和妈妈一定轮番找我谈话。

高考那年，考试成绩不好也不坏，算是发挥出了正常的水平。填报志愿的时候，父母替我选择专业。他们没有问我到底对这专业是否感兴趣，他们只明白这专业读出来就业前景好。

“我希望按照自己的意愿去生活！”这发自内心的呼喊，无数次地从心底响起，却又无数次在冲到嘴边的时候给咽了回去。究其原因，或许只因为内心还不够坚定吧。

所以，大学毕业那年在未来方向的选择上，我果断地拒绝听从父母的安排，毅然决然地和香港一家餐饮集团公司签订了劳务合同，在该集团旗下的人力资源部门任职。

父母在这件事情上反对的声音很大，见劝说不动我，更是找来不少同我从小长到大的朋友帮忙，很是费了一番心力。但这一切都是徒劳。

离家前去单位报到的那天早晨，在家吃完妈妈做的早餐，在门口对父母淡淡地说了一句“我走了”。提着行李的我，头也没回地转身离开了家。当时，大家都在气头上。

转眼间，我离开家都两年了，两年来没有回过一次家。除了在重要的节日打电话回家问候几句之外，其余时间，都没怎么跟家里联系。我常常一个人望着璀璨的夜景，看着无数亮起的灯，心想，有多少盏灯，就有多少个正在上演的故事。“你站在桥上看风景，看风景的人在楼上看你。明月装饰了你的窗子，你装饰了别人的梦。”夜幕降临时分，站在窗边看风景的我，总能想起这首诗来。

公司新来了一位同事，也是从内地来的。他无意间说出的一句话，让我感触颇多。他说：“千万别忘了告诉父母，你很好。”

对啊，离家这么久，从来未曾考虑过父母是否在家担心我，也没想过父母对我的思念之情有多重。

30 岁 餐饮集团总经理

一事一悟

不管离家多远，都别忘了告诉父母，你很好。不管离家多久，也别忘了家中一直记挂着你的父母。别忘了，不让父母替我们担心，也是对父母的孝顺方式之一。

第 77 件事：寄给父母的明信片

大三那年，父母把我送出国继续深造。起初，我是怎么都不愿意的。习惯了国内的生活方式，朋友也都在身边，更重要的是有一个在一起长达两年的男朋友。朋友们对此大多投来羡慕的目光。倒是我，心不甘情不愿的。

在这件事情上，父母的态度是比较坚决的。于是，尚未成长为一个完全独立个体的我，最终不得不听从父母的安排，申请学校，办签证，坐上飞机，去了日本。

好在一同前往日本的还有大学班上的几位同学。当初，念大学的时候，父母让我选择这个专业，也是为我将来出国做打算。大学时，我所学的专业是日语，学习小语种的通常都是为出国做准备的。当然，也有不少同学选择日语教学或者是在日企里面担任翻译。

大学期间给我们上口语课的一个日本老头儿，特别可爱，不仅课堂上幽默风趣，更是邀请大家到他家中做客，还亲自制作日本料理给我们品尝。他是我大学期间最喜爱的老师之一。受他的影响，毕业后，我最想从事的职业其实是日语教学。

我喜欢站在讲台上的感觉，也喜欢校园内的气氛，更喜欢善良、淳朴的学生。对于我所向往的职业，父母并不反对，但强调必须在国外待几年，然后再回国内发展。

父母的意图，我始终不明，但终归觉得他们用心良苦。他们总说我现在还小，等长大成熟一些的时候自会明白父母的心思。或许吧！所以，我还在等待成长蜕变，破茧成蝶那一刻的到来。

日本的生活节奏快得有时让我很难接受，但日本人在做事方面的专注力实在令我钦佩。除了正常的学习之外，闲暇时，我也爱四处逛逛。和其他一同出国的同学给家人寄礼物不同，我爱给家人寄明信片。

每到一处，就会挑选一张最能体现当地民俗特色的明信片，再在上面写上一些祝福的话语，然后寄回家中。我想，当父母收到明信片的那刻，感受到的不仅仅是异国的风光，更多的是出行在外的孩子的平安。

在外求学几年，中途回国一次，进门的那刻，被客厅墙上用麻绳串连起来的明信片所吸引。原来，爸爸将我寄回家的明信片，按照时间顺序，依次连接起来。最后选择挂在客厅的墙上。爸爸说："这些明信片所串连起来的是割舍不断的浓浓亲情。"

29 岁 大学日语老师

一事一悟

每位父母都希望儿女能留在自己身边，但是，每一位有远见的父母，都会支持自己的儿女勇敢出行。读万卷书不如行万里路，走的路多了，对于人生，自然看得也就更远、更清楚。只是，行走在途中的你，千万别忘了给父母送去一份安心，告知他们我们一切尚好。父母对子女的牵挂从来不因距离的遥远而减少，父母对子女的担心，更不因我们年龄的增长而降低，因为我们永远是他们眼中未长大的小孩儿。

第 78 件事：收到的第一笔工资

还在我读书的时候，就听外婆讲了一个关于妈妈的故事。

妈妈 19 岁那年，参加了工作，在一家染织厂里面做女工。那个年代，能在厂里做一个工人也是相当不错的了。妈妈所出生的家庭一直都不富裕，所以在找到染织厂这份正式工作之前，一直在自家店里帮忙。

外婆之所以会跟我提这些，是因为当年妈妈把自己领到的第一份工资全部交给了外婆。他们那个时候还住在平房里面，妈妈收到工资后，第一时间拿了回家。当时外婆还坐在客厅内，当接过妈妈亲手递上的工资的时候，很是感动。女儿养这么大，能自己赚钱了，懂得回报父母了，相信对于每一个父母来说，都是一个很大的心理安慰。

不过，可惜的是，接过钱后的外婆，将钱放在客厅的桌上，一个转身，钱全部不翼而飞。现在回想起来，都懊恼不已。钱到底被谁偷了，这个问题，至今是个谜团。若真是被他人所偷，那小偷儿的胆量可真不小。一眨眼的工夫，因为当时外婆并未离开过那间屋子。

当然，外婆给我讲这个故事并不是纠结于钱被偷的事情，而是感动于妈妈的那份孝心，所以，她常常提醒我收到第一笔工资的重要意义。

还没开始工作，我就开始幻想，收到第一笔工资的时候，我该怎么用呢？给爸爸妈妈买份礼物？还是请他们出去吃顿饭？思前想后都找不到一个比较好的方案。

然而，当我正式收到第一笔工资，拿到手里的时候，忽然觉得这些钱变得很沉重。一来觉得是自己独立的象征，二来发现赚钱真的不是一件那么容易的事情。以前念书的时候，不知道节约，总是看上什么东西就缠着家里买。等自己工作了才明白，钱确实来之不易。

拿着这点儿微薄的薪资，回到家中，进门就大声叫道：“我领工资了，你们想去哪里吃饭，晚上我请客！”

爸爸笑着问：“你第一个月领了多少工资？”我有点儿不好意思将自己的工资数目报出来，只是接上一句：“您就别管我领多少钱了，今天晚上，您和妈妈就只管吃吧，反正吃不穷我的。”

站在一旁的妈妈搭话道：“臭小子，刚领工资，口气倒不小啊！”

我一脸无辜地回答：“妈！真不是我装大，而是对你们花钱，儿子舍得，虽然工资确实不多。”

妈妈和爸爸对视两眼，都笑了。我接着说：“这么多年来，你们对我花钱不也舍得嘛。收到的第一份工资，是很有意义的哦。哈哈，这话可是外婆说的！”

26 岁 报社记者

一事一悟

人生当中收到的第一笔工资，那种满足感是很难忘掉的。不管这笔钱，是多是少，都是我们靠自己的劳动换取来的，它象征着我们终于可以经济独立，也代表着该是我们回报父母的时候了。收到的第一笔工资，你想好以何种方式孝敬父母了吗？

第 79 件事：生日的祝福

一年到头，会有数不清的节日，中国的，外国的，甚至是国际性质的。一些属于国家，一些属于民族，还有一些属于平平常常的你我他，那就是我们每个人的生日。

生日当天，会有来自朋友的祝福以及家人的问候。想想多年前的今天，我们就这样降临到人世间，是忧是喜，都是人生的一种形态。一首《人间》，谱写并演唱了当年王菲与窦唯对刚出世女儿的爱。“风雨过后不一定有美好的天空，不是天晴就会有彩虹”，述说的是人生本就不完美。“但愿你的眼睛，只看得到笑容”，“但愿你以后每一个梦，不会一场空”，是对女儿未来的祝福。

大概每个孩子在刚出世的时候，都有来自父母的祝福吧，不管祝福的具体内容是什么，其愿景都是美好的。

小的时候过生日，收到最普遍的祝福就是一句“生日快乐”，这大概也符合大众最朴素的愿望吧。人生在世，只求一个简单的快乐。不过，在关灯点蜡烛许愿的时候，贪心的我会许下很多的愿望，诸如考试成绩好，越长越漂亮，爸爸妈妈身体健康之类的。

记得看过一则笑话，说如果你找到了阿拉丁神灯，灯神让你许三个愿望，你会如何选择。有人在许下两个愿望之后，在许第三个愿望的时候，说：“希望能再满足我三个愿望。”

世人都是贪心的，都会有满足不完的贪欲。生日当天对着蜡烛许下的心愿，在下一次生日到来的时候，去回想，或许早已忘了去年许下的愿望是什么，更不会去纠结这一年来，愿望是否真的有实现。

是孩子，就会有长大的时候；长大了，就会有离家的一天。背上行囊，带着父母的期许与深深的祝福，踏上人生中新的征程。不管下一站的目的地在哪里，也不管走到何处，都会记得，旅途的起点，永远是那个屹立不倒的家。

离家远了，生日的时候爸爸只能发来短信，祝福一声，妈妈则会以电话的形式关心几句：有没有朋友替你庆祝生日？生日这天准备去哪里庆祝？有没有生日蛋糕？有没有吃到什么好吃的？

其实，妈妈最想问的却是那句，“生日有没有快乐？”以及不敢问出口的，“生日有没有想家？”因为后面一句往往会戳到内心最细软的地方，弄不好就是决堤的眼泪。

生日的祝福，不仅是父母对你生日的祝福，还有你对父母生日的祝福。

在爸爸或者是妈妈生日的当天，拿起电话，以电话或短信的形式，送去祝福，相信这会是他们生日当天收到的最美好的礼物。

28岁 健身教练

一事一悟

“祝你生日快乐！”简单而直白的祝福语，却道出了生日当天最纯粹的愿望。有多少人忙得忘记了自己的生日，却在父母的一句问候声中记起。又有多少人忘了父母的生日，却没有人可以在旁边提醒你。记住父母的生日，并在生日当天送去一份来自于儿女的生日的祝福吧！

第 80 件事：大学的录取通知书

家住农村的我，家庭条件并不富裕，甚至可以用贫困来形容。这是从小在城市中生活成长的孩子所无法理解的。

为了让我能够接受更好的教育，父亲毅然将我送往省城里面最好的中学念书。父亲在城里谋得一份靠力气赚钱的活儿，家里的庄稼地全部交给了母亲和奶奶。

能去省城的中学念书，多亏了村里的老师。小学六年级的时候，省城中学的老师到贫困山区挖掘学习好的苗子。一来帮助山里的优秀孩子接受良好的学校教育，二来培养人才，也是作为增加本校学生实力的一种方法。当时，他们去了好几个乡镇，所要招收的学生名额也已经满了。给我们上课的班主任老师，在得知这一情况之下，向校长请示，求他们无论如何也要在我们班上收一两个苗子。

最后，经过几番努力，我被选上了，顺利到了省城中学读书。记得第一天到学校报到的时候，还是父亲送的我。父亲拎着一麻袋的东西，在新生报到处替我报完到，在生活老师的接应下，送我去的寝室。

读书期间，除了学费减免之外，还可以拿到一部分生活补助，再加上平时学习努力，一年还能拿一次奖学金。不过，再怎么算，家里还是需要出一些钱的。只是相对于别家的孩子，父母为我所付的费用算少的了。可家庭之间不能比较，特别是从农村出来的我。

老家务农的劳动力严重缺乏，加上气候的原因，家里庄稼地的收成一年不如一年，好不容易长出点儿粮食，还不够自家吃的。靠着父亲在外打工赚来的那点儿辛苦钱，勉强维持着一家人的生活。

高三那年，许多人对我寄予了厚望，但我从心底讲，并不想考上大学，倒想早点儿出来工作，赚钱帮补家用。看着父亲日益苍老的面容，干体力活始终不是一件长久的事情。

所以，当大学录取通知书寄到家的那刻，我没有太多惊喜，取而代之的是一份担忧与焦虑。尽管录取我的那所大学是许多学子梦寐以求的，尽管我所选的专业是那所大学里面最好的。

好在，在父亲的劝说以及学校老师的帮助下，最后我抛掉了不去念大学的想法。

转眼间，我大学毕业，并已是参加工作两年的人了。想想当初，我若是真的放弃那张大学录取通知书，如今，我又身在何方，做着什么呢？不管怎么样，自始至终都很感谢那个在我成长道路上默默付出，辛勤耕耘的父亲。是他用自己一点一滴的力量照顾着这个家，抚育着我的成长。

25 岁 基金经理

一事一悟

当年，大学录取通知书寄到家中时的情景，你还记得吗？是激动还是感动？是大笑还是哭泣？或许更多的时候是一份悲喜交加吧！十年寒窗苦读，终于有了一个结果。虽不至于像古人范进中举一般夸张，但内心情绪的复杂变化，想必至今仍能记得几分。其实，十年寒窗，苦的不是你一人，还有在背后默默支持着你的家人。道一声谢谢，一点儿都不嫌多。

第81件事：老婆与母亲

爱——有施爱也有被爱，有大爱也有小爱，也有忠贞不渝的情人之间的爱，更有血浓于水的家人之间的爱。如果非要给这些爱排一个序，我想，每个人心中都有自己的一杆秤吧。很多男人大概都会被问及这样一个问题：母亲与老婆，如果同时落水，自己会选择先救谁？在我看来，这个问题实在是没有讨论的意义，如果回答救母亲，会被指责不爱妻子；如果选择先救妻子，最后一定又会被说不孝。

我在一家电视台工作，做节目主持人。手头上正在做的是关于家庭纠纷类的访谈节目。这类节目收视率很高，台里也是相当重视。最新一期节目，被访女孩儿不知所措地坐在受访席上，眼中的泪珠不断涌现，那画面让我久久难忘。

这让我开始思考一个问题：亲情与爱情，这两者到底如何权衡？难道真的无法做到鱼与熊掌二者兼得？

这次节目，共有三个嘉宾：女孩儿、男孩儿（女孩儿的男朋友）、男孩儿的妈妈。虽然只有三个人，却暗藏复杂的关系。妈妈要求男孩儿同这个女孩儿分手，但男孩儿和女孩儿却都深爱着对方，把彼此当成是婚娶的第一人选。女孩儿甚至说过非这男孩不嫁。

男孩儿的妈妈生硬地要求二人分手，理由也很简单，希望儿子能够留在自己身边生活。无奈的是女孩儿也是家中的独生女，父母自是不愿意女儿远嫁他方。其实，在这个复杂的关系当中，最为难的是那个男孩儿。因为他才是那个需要照顾到所有人情感的角色。自己母亲的感受，女朋友的感受，女朋友对其父母的感受也在他要考虑的范围内。一边是深爱着的女友，另一边是生他养他的妈妈。在这当中，不管他做出任何决定，都无可避免地要伤害到其中一方。

节目录制到高潮处，男孩儿的妈妈狠心地说出一句令所有人瞠目结舌的话："你如果要跟她在一起，那我们就断绝母子关系！"

其实，越是这种时候，对于制作节目的人来说就越是喜欢，收视率会在这个点蹭蹭蹭地往上冒。但对我个人而言，并不盼望着这一刻的到来，因为它往往代表着矛盾的激化。

后来，经过现场心理咨询师的开解，男孩儿的妈妈最终平静了下来。

节目的最后，矛盾依然没能得到化解，但每个人都答应回去之后好好反思。

节目背后所隐藏的社会关系和其中的矛盾，非常值得我们深思。拿我个人来说，虽然，目前的我依然单身，但这个问题却是摆在那里不得不去面对的一个问题啊！老婆和母亲，这之间到底该如何权衡呢？天下父母心，父母从小就将我们捧在手心，视为心肝宝贝一样地去疼爱。我们的生命，也是父母给的，没有他们，就不会有这个多彩的世界，更不会有我在这个世界上寻找爱情的机会。这份亲情，应该感激，更应该懂得感恩。

28 岁 电视节目主持人

一事一悟

母亲与老婆，亲情与爱情，这二者之间的关系，需要我们在还未开始前就好好权衡。一个是赐予我们生命的女人，一个是于茫茫人海之中相遇且相伴我们时间最多的女人，在不可避免的情况下，一定要好好沟通。爱妻子，更要记得还有我们的母亲需要我们去爱。

第82件事：关心女儿时别忘了你的母亲

我的大学同学，如今结婚的结婚，生孩子的生孩子，倒是我，至今仍然单身着。不久前，刚刚参加完一个同学的婚礼，这不，婚礼上，就有另外一同学带着自己的女儿一起来的。

那同学的女儿今年约莫3岁了，同学在读书时期就特别会打扮，所以，对自己的女儿自是不会怠慢。小姑娘当天身着黑色的芭蕾舞裙，还套有一双黑色的网袜，脚蹬红色小皮鞋，头顶别一枚精致的白色小礼帽样式的发卡，还有蕾丝进行修饰点缀。这要放在某个大人身上，绝对的明星范儿。

说实话，同学的女儿出现那刻，确实把在场的所有同学给震惊了，纷纷上前逗逗小女孩儿。估计小孩儿早已见惯这样的场面，所以并不怯场。更夸张的是在场一些人逗趣地要跟那同学订一门娃娃亲。

那同学在大学时期与我关系不错，后来，她结婚了，联系自是少了。在这次婚礼上撞见，不免拉在一起絮叨了半天，觉得意犹未尽，便约好时间叙旧。

再叙的时候，地点换在了她家。同学毕业后不久就结的婚，找了一个比她大10岁的男人，有一定的经济基础，为人也较为可靠。同学当天也很是热情地把我迎进了屋。看得出，她的日子过得还是相当滋润的，家中的装修以及摆设的各种小物件，一看便知价格不菲。

三室一厅的房子，不光住了他们一家三口，还有同学的妈妈也住在这里。同学是单亲家庭长大的孩子，父亲过世得早，全靠她母亲将其抚养大，嫁人后，她母亲也跟了过来。原以为她跟母亲的关系应该相当亲密，却不想同学当天的一些举动，却让我吃惊不已。

母亲在屋里扫地、做饭、照顾小孩儿不说，还要忍受女儿的厉声呵斥。特别是当她发现在照顾自己的女儿的问题上，有半点不周，脸刷的一下就沉下来了。做母亲最后做成了家里的女仆，在我看来，这真是一件可悲的事情。

同学舍得花钱在商场里面买各种名牌童装，去打扮自己的女儿，但她的母亲，大概还穿着几年前的衣服。不管是老人节约也好，还是出于其他原因，总之，从同学的眼中，我看不见半点儿对她母亲的爱，却无时不刻不在关心着她自己的女儿。

设想一下，假使有一天，同学的女儿长大后，也跟同学一样，那她该如何是好呢？

33 岁 大学教授

一事一悟

大概每个人都会有从孩童成长为父母这样一个过程。当我们还是孩子的时候，有来自父母无私的关爱；当我们成为父母的时候，我们又将自己的爱无私地给了我们的孩子；当我们的孩子也成为父母的那刻，他们还会记得我们吗？你认真想过这个问题吗？答案其实很简单，你现在的一言一行，对孩子都会造成潜移默化的影响。如果你在关爱孩子的同时，也将同样的一份爱回报给自己的父母，那么，将来孩子也会以相同的方式回报你。

第83件事：搬家了别忘了告诉父母

同样是南方城市，不同的是我从东南走到了西南。

我所在的公司，看中了未来西部市场的巨大潜力，准备大力进行投资开发，而我恰巧幸运地被选中前往西部拓荒。

去之前，父母纵有万般不舍，也不得不帮我收拾好行李，并一把鼻涕一把眼泪地将我送到机场。我像哄小孩儿一样，抱着母亲，并告诉她，那边现在开发得相当不错了，生活设施都很齐全，不必替我担心，等我在那里稍微稳定下来，就接她过来。

没想到，无心说的一句话，却被母亲当了真。刚去一个礼拜，就收到她打来的电话，问我是否安顿好了，什么时候可以过去看我。既然母亲如此想来，再加上那话确实是我自己亲口说的，趁着周末休假的时候，我坐飞机把母亲接了过去。

有母亲在的日子，还是好的。至少加班再晚回家，都能吃到母亲给我留的热气腾腾的饭菜，不必再孤零零一个人吃着泡面加鸡蛋。屋里的钥匙，给母亲配了一把，方便她出行。住在这里的日子，她可真没闲着，每天一大早就出去买菜，还跟小区里的老头老太太组团出去玩儿，更有趣的是，还学会了打麻将。

就这样，母亲在我这里待了足足有大半年的时间，后因父亲一人在家孤独，遂叫母亲赶快回家。母亲走的时候，连这边屋的钥匙也一并拿走了，说是还要拉着父亲一起过来玩儿。看来母亲是彻底爱上这个地方了。

母亲走后，我又恢复到忙乱无序的生活状态，家里被我搞得一团糟。冰箱里堆满了早已过期的罐头或是牛奶，客厅的桌子上还残留着两天前吃剩的泡面，整间屋子可以用垃圾堆来形容。

日子就这样一天一天地过去。办公室搬过一次，我的家也随之搬了。不想，有天上班的时候，忽然间接到母亲打来的电话，电话那头的她很急，她问："儿子，你现在在哪儿？妈妈在你家门口，我用钥匙开门怎么都打不开，还被小区保安给扣了下来。"

可爱的妈妈本想给我一份意外的惊喜，却不想闹出这样一出荒唐的闹剧。不过，说到底还是怪我搬家没有告诉家里。

35岁 外企研发部经理

一事一悟

不管我们变多大，长多高，在父母眼中，我们永远都只是一个孩子。做父母的，对于自己的孩子，终归都是不放心的。大多数父母，都恨不得把我们放在他们怀里，细心呵护，怕我们被雨淋，被太阳晒，被风刮。尽管在我们的内心深处，渴望着长大，渴望着独立成人，但是，不管怎样，都别忘了将自己的近况向父母做一个汇报，别让他们担心。

第84件事：如果出嫁，请记得还有娘家

出嫁那天，妈妈哭了，这是我意料之中的事情，毕竟自己亲手带大的女儿就这样离开自己，终归是舍不得的。让我没有想到的是，爸爸也哭了。平日里，如同大丈夫一般坚强的爸爸，居然也会有如此柔情的一面。

出嫁的那年，我刚满23岁，大学毕业不久，刚刚参加工作。虽然当时都是要结婚的人了，可是行为举止依然像个孩子般，相当不成熟，大概太缺乏到社会中磨炼一番的经历了。

我的老公是我大学时期就认识的，大学谈恋爱，毕业后就结婚，这种案例不多见。两人都是缺乏生活经历与社会磨炼的人，结婚后，难免三天一小吵，五天一大吵。每次吵架，我就收拾东西回娘家。如此这般吵吵闹闹，好几次到了要离婚的地步。

女儿的到来，倒是给这个家庭增添了一份宁静。或许，做了爸妈的人，在为人处世、待人接物方面相较往常会成熟许多。

转眼间，女儿都3岁了，我和老公结婚也差不多有5个年头了。想想刚结婚那会儿，整天吵闹，我们心里烦，做父母的更是看在眼里，急在心上。

后来，妈妈在外旅行的时候，还特意在当地买了一个旅游纪念品，一块造型奇特的石头，上面还深深地刻着一个字“忍”，并嘱咐我摆放在床头，希望我们夫妻二人在遇事的时候，能够互相容忍，

互相包容。

做女儿的，在嫁为人妻之后，都会有回娘家的经历。想想自己在婚后的这几年回娘家的经历，就倍感惭愧。每次都是跟老公吵完架，收拾东西，气乎乎地回去的。爸妈见女儿回家，本应该是一件值得高兴的事情，但见我脸上那挥之不去的怒气，心也就跟着凉了半截。

回家后，爸妈免不了一桌美味招待，完了还负责劝说我一番。见我不再那么气了，又开始劝和我们新婚小两口。

如此一来，仿佛每次回去都是给爸妈添麻烦的。记忆中，怎么都想不起因为想念爸妈这个原因而回娘家看看二老的，因此，越想，就越是觉得愧对两位老人。

28 岁 人力资源部职员

一事一悟

做女儿的，在嫁人之后，都会有回娘家的经历。有些是带着老公，高高兴兴地回娘家看看家中父母；有些是带着自己的孩子，让孩子见见他们的外公外婆；还有些是在婚姻当中受了些委屈，于是难过地回家找父母。不管是出于哪种原因，都别忘了尽量不要再让做父母的为我们担心了。因为你大了，更因为他们老了。

第85件事：忙不是借口

如果有人问,“最近过得怎么样？”大多数人都会直接答道:“忙”,并且伴之以一种很无奈但又很享受的表情。

简简单单一个“忙”字，左边一个“心”，右边一个“亡”，不正代表着心死了吗？没有心的人，活着，大多也是行尸走肉。

不过，对于并无太多干系的人，我们大可以忙为借口，推托掉那些不必要的应酬或者是麻烦。但是，对于自己的父母，却绝不能以简单一个“忙”字就将其打发。我能明白这个道理，还多亏了我的儿子。

儿子上小学五年级了，学习成绩一直都很优异，属于不需要我和他妈多费心的孩子，独立、懂事、听话。我和孩子他妈的工作都比较特殊。我在电视台上班，电视台快节奏高速率的工作节奏一般人还真抗不下来。为了能制作出一个好的节目，三天两头地熬夜，还得保证按时完成。孩子他妈又是做记者的，为了一条新闻，整天城东城西城南城北地来回转悠。

做父母的工作忙，不得已将孩子一个人丢在家中。现在看来，任何独立、懂事都是被逼出来的。

儿子学校的家长会，我和孩子他妈已经缺席过好几次了。老师也不止一次打电话过来责备我们当家长的。眼看马上就要念小学六年级了，紧接着面临孩子升学考试之类的问题，所以，老师又组织召开了一次家长会，并特意打电话给我，希望我无论如何也要从百忙之中抽出一点儿时间。

本来，我确实将手头上的工作排开，避免与家长会召开的时间相撞，却不想市里面的领导前来检查。如此一来，我是怎么都走不开的了。

那晚回家的时候，发现屋里黑着灯，估计儿子已经睡觉了吧。本想向他道歉的，却不想推开儿子房门的那刻，看见正躲在墙角哭泣的他。我满怀愧意地抱住儿子，只听他哭得更大声了。边哭，还不忘诉说今天家长会上所受的委屈。

等儿子情绪稳定了下来，他对我说的一番话，深深地震撼了我。儿子说："你总说你忙，可我常常在想，在你小的时候，爷爷奶奶也是这样对你的吗？如果忙可以成为一个理由，那还要这些感情干什么？"

是啊！儿子今年 11 岁，父母差不多也都六十多岁，作为一个四十多岁的男人，我忙得无法照顾自己的儿子，更忙得几乎忽略了自己的父母，而他们，都是我身边至亲至爱之人啊！

36 岁 电视节目制作人

一事一悟

绝不以忙为借口，而减少跟父母见面的时间。在父母所剩不多的人生年月里，争取多一些时间，与父母见面，陪在父母的身边，同父母聊聊家常，吃吃饭，看看电视。生活，原本不就该如此吗？

第86件事：回家为父母做顿饭

女儿这天回家，嚷嚷着要为我和她爸爸做顿饭，我和老公听了之后乐得不行。这孩子从小到大，我们都没让她干过什么家务活，别说做饭了，就连洗碗都没让她碰。这倒好，突然之间说要为我们做顿饭。

老公不管是为人处世，还是在教育孩子方面，都比我沉稳。对于女儿的提议，他不仅没有阻止，反而说："嗯！既然女儿说要为我们做饭，那我和你妈妈就待在客厅里，只等我们的大厨喊开饭吧！"

听丈夫这么一说，我倒急了，一脸疑惑。正想插话，却被他给拦了下来，拉到了一边。

我们在客厅里打开电视，边看边闲聊着。不知不觉，半个小时过去了。听见厨房里不时传出锅碗瓢盆打翻和被摔的声音，我这心也跟着七上八下。我以商量的口吻说："要不我们进去看看？"

老公一口回绝了我的提议。

又半个小时过去了，女儿一直待在厨房里，没见出来过。正在这个时候，从厨房传出的一阵尖叫声，让我们再也按捺不住了，赶紧朝厨房冲了过去。

果然不出所料，忙活将近一个小时后，女儿不仅没做出什么饭菜，还差点儿把厨房烧了。锅烧得太烫，油一下去，就着了。幸好补救措施做得好，才没酿成大祸。

不过，我和老公并没有半点儿责备女儿的意思，因为知道她也是一番好意。追问之下才明白，原来女儿这是在完成老师出的一个课外题目——回家为父母做顿饭。

晚上睡觉前，我和老公躺在床上，他突然问："老婆，我们有多久没回家看爸妈了？"我拿出手机，迅速翻看了一下日历，发现我们竟有大半年都没回过家了。如果不在同一城市生活，这么长的时间，倒也合情合理。但问题是父母和我们都在同一城市，还是同一个区的呢。

我和老公对此都惊诧不已。最近大家忙得都有点昏了头了。老公提议，下周末回家给父母做顿饭。我马上点头称是。

36 岁 销售主管

一事一悟

你有仔细计算过，平均多长时间回家看父母一次吗？你有想过，回家的时候，让母亲放下手中的家务，亲自为爸爸妈妈做一顿饭吗？趁父母都在的时候，多回家陪陪父母，并为他们做一顿饭，不需要太美味，只需用你那颗充满了爱的心，足矣。想必，父母还没有亲口尝过你做的饭菜吧。从生活当中一点一滴的小事做起，不要给自己的人生留有遗憾。

第九章 关怀依旧：

给父母带去那份逐渐逝去的安全感

第 87 件事：扶着妈妈爬楼梯

人老的时候，身体各方面机能就开始退化，骨头酥松，腿脚也变得不再那么灵活。从内到外，处处显露人衰老的迹象。当年的外婆，就是如此。可外婆爱逞强，见她爬楼梯，我们都想过去搀扶，却每次都会被她推开。

外婆特别喜欢讲她年轻时候的事情。年轻时，背着一个大背篓，一个人来回走十几公里的山路；年轻时，50 斤的大米，一个人扛着回家；年轻时，为了能多赚点钱，熬夜做工。我常常想，年轻时候的外婆该是怎样的一个女子呢？大概具有无敌女金刚般的身体，以及革命女烈士般的胸襟气魄。

30 岁便守寡的外婆，独自一人带大了两个儿子和三个女儿。在那个年代，无依无靠，作为一个女人，有多难，自不必多说。受外婆的影响，家里的小孩儿大多都比较独立。妈妈性格的某些方面，自然而然地遗传了外婆，比如，倔强坚强，勤劳踏实。

今年的7月16日，是妈妈63岁的生日。从年纪上来看，确实老了。但从其外貌容颜，倒是看不出半点儿六十多岁女人该有的模样。妈妈常说，要是你父亲还活着该有多好。是啊，父亲40岁那年，因为一场车祸，离开了我们。送葬当天，妈妈哭得跟个泪人一样。

我记事以来，头一次见妈妈那样哭。那天，天下着濛濛细雨，天空也是一片阴郁，天气又冷，雨水形成的雾气，模糊了前方的路。每一个听见妈妈哭声的人，无不为之动容。

第一次觉得妈妈老了，是我返回老家看她时，发现厨房的灯泡黑了。我问妈妈怎么不换一个，妈妈说："卖灯泡的不帮换，我自己又爬不了那么高。"就因为妈妈的这句话，让我开始对她心疼起来。不多久，就将妈妈接去跟我同住。

我住的地方在五楼，说高不高，说低也不低。楼道里没有装电梯，对我们来讲倒没什么，只是，对像妈妈这样上了年纪的人来说，还是有点儿不太方便的。平时，妈妈要下楼买个菜或者什么的，我都陪着。尽管上下楼梯的时候，她也不要我扶，但在旁边跟着，从心理上来讲，始终要放心一点儿。

34岁 房地产经理

一事一悟

妈妈在我们还不会走路的时候扶着我们，一步一步地，不厌其烦地教我们走人生中的第一步、第二步。所以，当他们老了的时候，我们也应该在一旁搀扶着妈妈，走完人生中最后的一段路。

第88件事：给父母买的保健药

眼看就快要过年了，各大商场里面开始了春节期间的促销活动。单位今年过年给每个人发了价值一千元的代购券，我和同事相约到商场里面一起置办年货。

因为都是女人，一进商场，便一头扎进服装店里，试了一件又一件，好在导购小姐很有耐心。最后，我与同事各买了一件参加商场打折促销的风衣。这件衣服在之前逛街的时候，便看上了，只是当时嫌价格太高，便一直忍着没买。这次好不容易碰上打折，又是打整整五折，于是，二话不说痛快买下。

女人对于化妆品、服装、高跟鞋、包包，似乎生来欠缺抵抗力。看完衣服，又被琳琅满目的化妆品给吸引了过去。一千元的代购券早就用完，不仅如此，还从银行卡里面刷了几千块钱。除了给自己置办新的行头，另外还给妈妈买了件黑色长款修身羽绒服，给老爸买了款松下最新出的剃须刀。

一同前来置办年货的同事，从进商场的那刻起，就不停叨叨着询问我给她老公买什么好？给女儿买款迪士尼的手表她应该会喜欢吧？在一旁的我听得一脸无奈，不得不感慨，果然是结了婚的女人。

另外一个比我们都老一辈的同事，则迷失在各类保健药当中，一会儿让导购小姐拿瓶维生素E胶囊，一会儿又要看看葡萄籽油。听说最新一款，从深海中提炼而成的胶囊，具有安神镇定的功效，又拿着产品说明书研究了老半天。

我同另外一个同事在旁边耐心地等着，也时不时拿起一款产品，有意无意地问上几句。最后，结账的时候，把我们都吓了一跳。那同事差不多买了将近三千块钱的保健药。以她的岁数，还不到吃这么多保健药的年龄啊。

询问一番后，不得不由衷佩服同事的细心。她将父母身体方面的一些小问题，仔细记录下来，并上网查询了一番，出现的状况反应身体缺乏哪种营养物质，她都弄得一清二楚。

25 岁 办公室文员

一事一悟

给父母买保健药，这药的有效度有多少并不重要，重要的是我们对父母的那份爱心。做父母的，如果知道我们把他们身体方面的那些小毛病、小症状记得那么清楚，一定会很感动的。难道不是吗？

第 89 件事：和他们一起翻看相册

在爸爸书房的抽屉里，保留着一本厚厚的相册。可以说，那本相册在我还没有出生的时候便已经出现了。所以，它在我们家待的时间比我都长。

那是一本比较大的相册，封面是绿色的，并配有一些小碎花进行装饰点缀，相册外壳的正中还用金色的笔写下“童年记忆”4个醒目的大字。

听妈妈说，这本相册是爸爸去上海出差的时候，特意买给我的。当时，我还在妈妈的肚子里面。爸爸说，是送给未来女儿的礼物。妈妈则笑话爸爸真是矫情。

能看得出，爸爸是在认真对待这本相册的。相册第一页关于出生记录这一项，爸爸用钢笔一笔一画，仔细填写。爸爸的字写得并不好，所以，看见上面工工整整的字迹的时候，我还怀疑了老半天，这真的是爸爸写的吗？

关于出生记录的内容，我只能说，爸爸确实是个心细的男人。从我出生时的反应，周围的一些状况，甚至当时护士小姐说了些什么，他都一一记录在案。如果不是事先已经知道，大概我真会当一短篇小说阅读。

再往相册里面翻，从我满月时候的照片，然后是一岁、两岁，再到每年“六一”儿童节时期的一些照片，全部都在。妈妈说我长得真快，差不多一年一个模样。妈妈还说我很小的时候拍照还好，再大一些的时候，不知道是什么原因，每次叫我拍照，我就哭。所以，长大后，我再翻看自己小时候的照片，确实如此。几乎在照相馆中拍出来的照片，没有一张是笑着的，全都嘟着嘴巴，一副不高兴的样子。

听妈妈讲完，我乐不可支。真没想到，原来自己小时候还这么有意思。爸爸在一旁忙补充道：“你还好意思笑，当时可把我和你妈给气死了。”

25岁 化妆品导购

一事一悟

和父母一起翻看小时候的照片，是一件非常有意思的事情。不信，试试就知道了。因为他们总能从那些照片当中讲出很多已经被你遗忘掉的童年趣事。

第90件事：周六的家庭聚餐

在我们家有一条不成文的规定，那就是周六的时候，全家必须到齐，在一起吃一顿家庭聚餐。这个规矩是当年爷爷订下的，到了父亲这里，将这一家规又告诉我们，希望我们几个儿女能够恪守家规。

每当听到“家规”这两个字，总觉得是很严肃的一件事情，但是，我们家的家规却一点儿都不严肃。每次父亲像老夫子一样在那里对我们三个女儿训话的时候，我都在一旁偷笑。被父亲逮到的话，我便扯着嗓子用高亢的声音回答道：“严格遵守朱家家规！”每次父亲都能被我逗笑，两个姐姐更是在一旁笑得花枝乱颤。

我是家中最小的女儿，从小受到上面两个姐姐的照顾与疼爱，性格比较顽皮。两个姐姐都比较怕父亲。唯独我，喜欢打破父亲所营造出来的严肃气氛。家里人都说，三个女儿当中，父亲最喜爱的就是我这个小女儿了。所以，年轻的时候，两个姐姐要是干了什么坏事，就会拉我出来当挡箭牌。而我，生来就具有一种侠女的风范，总是一副保护姐姐义不容辞的模样。

大姐后来嫁给了中学老师，二姐嫁给了一名商人。按照传统观念来讲，嫁得都算不错。只是二姐的生活没有大姐来得稳当。毕竟做生意的，赔了赚了都是说不准的事情。

两个姐姐出嫁的时候，父亲都说出同样的一句话："不管走到哪里，都别忘了朱家的家规！"每次听父亲这样说的时候，我都忍不住笑出声来。

婚后，两个姐姐回娘家的次数逐渐减少，一开始还会隔三岔五地回来找我玩儿。后来母亲说，嫁出去的女儿，常回家不好。于是除了每周周六回来一次之外，其余时间便不再往家跑。

其实，在我们都还小的时候，周六的家庭聚餐并没有受到大家的重视，因为天天都会在一张桌子上吃饭。倒是两个姐姐都结婚以后，我才逐渐感觉到家规的力量。国有国法，家有家规，一个家的家规，实际上是家庭凝聚力的象征，不管你走到哪里，更不管你走多远，都会记得自己还有一个家。

27 岁 注册会计师

一事一悟

一家人围坐在一起，吃什么其实不重要，重要的是坐在同一张桌上的家人是否齐心，是否对彼此怀有爱意。小的时候或许不明白，大了才懂得，要照顾维持一个家，真的不是件容易的事情。

第91件事：一盆洗脚水

周末加班的时候，一群同事闲来无聊，说到了自己与父母的一些趣事，笑笑之后，一帮人集体感伤。

A说："长这么大，我还从来没给妈妈买过一件衣服。我妈平时穿的都是名牌，从小都是她给我买衣服，我倒没给她买过一件。不过，即使现在让我买，我也没那么多钱啊！"

B说："对于父母，我觉得最遗憾的事情是当年他们要离婚的时候，我死活没同意，还在家里上演了一出自杀的戏。为了我，最后两人协商一致不离。但我现在看他们两个过得那么痛苦，真是后悔当初做的那些事。"

C说："我从小就跟爸爸的关系比较好，走在街上的时候，老有人以为我们是情侣。怪自己发育太早，而爸爸又一直显得很年轻。"

D说："我爸爸在我3岁那年就离开了我们。3岁以后，一直和妈妈相依为命。为了我，她没再找，别人给介绍对象统统拒绝。没结婚前，我都不知道家里有男人是什么感觉的。"

这个时候，办公室主任走了进来，估计在外也听见我们聊天的话题了，说道："哎！你们啊，别光在这说了，拿出实际行动孝敬一下你们的父母吧！"

大家你看看我，我看看你，抓脑袋的抓脑袋，望天花板的望天花板，主任急了，吼道："这还有什么好想的呢？晚上回家，一人倒一盆洗脚水，给你们的父母洗洗脚。"

大家张大了嘴巴，一脸的诧异。主任又补充道："别啊了，就这么一件小事情，你说你们谁干过？”

25岁 网站社区运营编辑

一事一悟

勿以善小而不为，勿以恶小而为之。在孝敬父母方面，也要做到不因事小而不为。对父母的爱，再多也不嫌多。端盆洗脚水，给父母洗脚，这事，你有为他们做吗？

第92件事：买给父亲的手套

眼看冬天就要来了，天气也越来越冷了，走在路上，风嗖嗖的，刮得脸上直觉得疼。

还记得小时候，一到冬天，夜幕降临，屋外笼罩着一片薄雾。我们家有两个小孩儿，还都是女儿。一到晚上9点多钟的时候，妈妈就为我和姐姐烧一壶开水，给我们俩洗脚，把脚洗得热乎乎的时候，就像赶鸭子一样，催促着我们俩上床睡觉。而爸爸则会事先在铺好的被子里放两个热水瓶。那个时候的热水瓶大多是用输液用的盐水瓶灌热水，外面再用布包着，这样不至于太烫。

姐姐的性格偏外向，我相对来说，性格要内向一点儿。虽说都是女孩子，但还是有吵架的时候。每次吵架，被爸爸发现了，就会跑过来劝住我们。最后离开的时候，非要我和姐姐抱着睡。两个小孩子，刚刚还吵，当抱在一起，四目相对的那刻，又都咯咯咯地笑起来。

小孩儿就这样，一分钟前还在吵架，一分钟后就又开始笑起来，不会记仇，更不会留着怨恨过夜。

我和姐姐从小一起长大，感情很深，所以，为了能和姐姐在一起，高考那年，我拼命努力，就为了能和姐姐上同一所大学。

姐姐出嫁的时候，我比爸爸妈妈哭得都要伤心。

转眼间，冬天又来了。上班的时候，收到了姐姐从外地寄来的快递。拆开一看，原来是一双男人的手套，手套里还塞了一张小纸条，上面写着：亲爱的妹妹，家里现在开始冷了吧？上周周末的时候，我特意给爸爸买了一双手套。以前都有妈妈替爸爸织手套戴，如今，妈妈也不在了，爸爸的手应该也开始感觉到凉了吧？现在家里就剩下你还陪在爸爸身边。谢谢你！

看完信，突然好想姐姐。原来，离得愈远，思念愈浓。天天生活在爸爸身边的我，连如此重要的细节都忽略了。

26岁 杂志社编辑

一事一悟

生活当中的小细节，你是否还在用心仔细留意呢？千万不要觉得一切习以为常就忘了做子女的对父母的那份关爱啊！

第 93 件事：一碗热气腾腾的面

一个人在外，生活总是杂乱无章的。厨房灶台上的酱油和醋，还有放在冰箱里面的豆腐乳，拿起外包装上面的生产日期和保质期一看，不是已经过期了，就是还差几天过期，收拾收拾，一股脑全丢进了垃圾桶内。

这些调味品还是妈妈同我住在一起的时候，替我买的。退休在家的妈妈，没有太多的业余活动，在家觉得无聊，又总是担心惦记着我，于是收拾了一些东西，到我工作的城市，跟我住在了一起。

有妈妈在的时候,屋子里变得跟之前有了很大的不同。一日三餐，都变得规律起来，客厅内、厨房里，包括卫生间，都变了。第一天下班回来的时候，大吃一惊，这间我住了将近一年的屋子，还从未见它这般干净过。恰巧天气转凉，妈妈替我买了一台风扇样式的取暖器，一打开，整间屋子都觉得暖意融融，让刚下班回家，从冷飕飕的屋外进来的我，第一次在异乡感受到了家的温馨。

听见我进门的声音，妈妈从厨房走了出来，淡淡地对我说："晚上吃面条啊，今天收拾屋子有点忙，来不及买菜做饭了。"

我微微一笑答道："好啊！"

其实，有妈妈在，吃什么对我来说并不重要，因为妈妈做什么都会很好吃，有浓浓的爱意在里面。

不出 10 分钟，妈妈就端着一碗热气腾腾的面条，放到了我的面前，还不忘催促说："快吃！"

这是一碗番茄鸡蛋面，里面还配有一些青菜，这是我小时候最喜欢吃的面食。番茄鸡蛋是将面条挑进碗里之后再放在上面的，说起来，倒有点像打卤面的样子，只是多了面汤和青菜。

那一碗热气腾腾的面条，被我吃得一干二净，连一点儿面汤都不剩。

29岁 房地产客户部经理

一事一悟

你是否还记得妈妈曾为你做的那碗热气腾腾的面条，以及那熟悉的味道呢？妈妈做的食物，有妈妈浓浓的爱意在里面，吃来倍感温暖。

第94件事：为父母准备一份秘密存折

最近妈妈有那么一点儿反常。比如，做的饭菜开始变得很咸，而她自己却感知不到；再比如，进门的时候忘了拔钥匙；还有，夜里两三点钟睡不着觉，一个人跑到客厅看电视。

我和妻子商量，到医院里面给妈妈挂一个专家的号，陪妈妈去做一下身体检查。但是，当妈妈得知这一消息的时候，很是激动地拒绝了。我和妻子为此都非常不解。

某天，趁妈妈出门到菜市场买菜的空当，我和妻子又讨论起了这事。刚好女儿也在一旁。正在我们俩为此犯愁的时候，女儿在一旁插话道："奶奶不愿意去做身体检查，是怕花钱。"

我和妻子赶紧追问女儿，是谁跟她说了什么，还是自己在那里乱猜的。女儿说："是奶奶晚上睡觉的时候，自己亲口告诉我的。"

女儿从小就跟着我妈一起睡，甚至可以说从感情方面来讲，我和妻子同女儿的感情，不如妈妈跟女儿的感情好。

我和妻子听女儿这样一讲，算是明白了。最近家中出现了一些财政危机，我做生意亏了不少的钱，加上每个月几千块钱的房贷，所以，经济方面确实不怎么宽裕。

但是，妈妈所不知道的是，我和妻子每个月无论如何都会为老人存一点儿钱在卡上。那张卡是专门为老人办的，当初的想法也很简单，就是想着老人毕竟年纪大了，身体难免会出点儿什么状况，到时候可以应应急。

当得知妈妈不愿意去医院进行身体检查的真正原因后，为了消除她的这一顾虑，我和妻子晚上下班回家的时候，把那本为老人办的存折亲手交到了妈妈的手上。几年下来，上面差不多也有将近十万块钱了吧。

第二天，妻子就去了医院，托朋友的关系，给妈妈挂上了专家门诊。

36 岁 银行经理

一事一悟

为父母准备一份秘密存折，这相当于给父母另外买了一份保险。老人无论在什么时候，心里想的都是自己的儿女，为了不给儿女添麻烦，喜欢什么事情都藏着捏着。准备一本存折，定期为父母存一点儿钱在里面，然后在父母需要的时候，交到父母手上。

第95件事：病房里的输液瓶

为了能多赚点儿钱，给女儿读书预备足够的积蓄，我和妻子不得不离乡背井，选择到异地打工。女儿自然托付给了她外婆。

我和妻子走后，家中就剩下一个老人和一个小孩儿了。说实话，在外打工时，我和妻子对家里还是十分记挂的，总是不放心，担心她们出什么意外。

俗话说，怕什么来什么。有一天晚上，我在床上辗转反侧，怎么睡都睡不着。第二天醒来，我一直预感会有什么不好的事情会发生。就这样，时间一分一秒地溜走，大半个下午过去了，眼看下班的时间就快到了，也没见有事情发生。本想说真是自己在吓自己，哪会有事情发生。

就在这个时候，接到了一个电话，是女儿打来的，可这号码不是家中的。女儿略带哭腔说："爸爸，外婆中风了！"

一句话，犹如晴天霹雳。我叫女儿别着急，让她把现在的情况说清楚。女儿边抽泣着，边压低了声音说："外婆现在还在抢救。我下午放学回来的时候，看见她倒在屋里的沙发上，嘴巴歪着说不了话，目光也是呆滞的。"

女儿顿在那里。我又问："然后呢？"女儿继续稳定了一下自己的情绪说："然后是隔壁的王叔叔替我打电话叫的120。外婆被送到医院，医生一看就是中风了，现在还在抢救当中。你们赶紧回来吧！"

接完女儿的电话，我和妻子赶紧请假，买了两张火车票，往家里赶。

赶到家的时候，差不多都是凌晨3点钟了。我们拿着行李直接去医院。在前台查询了妈妈的病房号，进门的时候，看见女儿还醒着。我问她："外婆现在情况怎么样了？"女儿回答："医生说只是轻微中风，不过还要留院观察几天。"

我继续问："都这么晚了，你怎么还不在旁边休息呢？"

女儿说："外婆一直都在输液，护士刚刚给换了一瓶药，让我帮忙盯着，药水输完了好去叫她们，不然空气进去了就不好了。"

听女儿说完，我心里一阵酸楚，看见躺在病床上面色憔悴的岳母，还有娇小的女儿，心里涌上一股说不出的滋味。

我让妻子赶紧带女儿回家睡觉，说："你们都回去吧，这里就交给我了。"

42岁 工程队小组长

一事一悟

别人不经意间做出的一个小小的善举，却能敲击到你内心某个细腻柔软的角落。特别是当这一行为来自你的晚辈，或者是你自己的子女时。女儿的孝顺行为，来得往往更加直接、简单，比做大人的，更明白如何去回报，去爱。对于你的父母，你还有爱吗？你还在回报当年他们给你的爱吗？

第96件事：整理父母的生平大事

国庆节放假，爸爸妈妈两人来了场二人旅行。我因有工作任务在身，不得不被他们两个撂家里。

前四天，我一直都在加班，看着大家在微博上拼命地晒自己国庆长假期间在外的游记，真是看得我牙痒痒啊。特别是玩得好的几个朋友，把自己在假期当中吃到的各种美食，用手机拍摄下来，上传至微博，让在单位加班，拿着饭盒，啃着玉米的我，狂流口水。

在家的时候，爸爸妈妈为了表示对我的关心，打过几次电话回来，并不忘安慰我，到时候回来给我带礼物。

第五天的时候，终于告别了加班生活的我，在家实在闲来无聊，于是跑到书房准备找些书来翻翻。站在书架前面，拿起一本，翻翻又放下，再拿起一本。翻来翻去，翻了老半天，最后还是不知道该看什么书。

这时，我打开爸爸的抽屉，爸爸平时都不让我随意翻看他的抽屉。这个抽屉通常都被爸爸拿钥匙锁着的，但奇怪的是，这次居然没有锁。人大概都有偷窥心理，越是不让做的事情，越是想干，做了心里反而会产生一种兴奋的情绪。

抽屉里面的东西可真不少，但是每一件东西都摆放整齐。爸爸年轻时候得的奖状，厚厚一叠放在里面。此外，还有爸爸当年在青葱岁月里写的日记。我拿出来，大概翻看了一下，真是没想到，别看爸爸平时一脸严肃，日记的字里行间却透露出大男人的细腻小情感啊。

这时，一本淡紫色皮质的笔记本吸引住了我的眼球。我赶紧拿到手上，本子比较新，看样子买的时间不会太久，特别是跟那本“青葱日记本”比起来，存在的年岁明显要短很多。

翻开封面，见第一页写着几个大字：“送给宝贝女儿的”。下面还写着，“从你出生那天开始，这个本子就开始正式启动了。爸爸会在上面写上跟你有关的，一切有意义，有纪念价值的事情。直到爸爸离你而去的那天。”

看完后，我哭了。

默不作声将所有东西复原，抽屉继续锁着。出门买了一个大大的精致的笔记本，我也要写，我要将父母的生平大事都整理出来！以后，爸爸他们为我记录我的成长，而我，为爸爸妈妈记录他们这一路走过的岁月。

26 岁 网络营销人员

一事一悟

整理父母的生平大事，可不是一件容易的事情。爸爸妈妈在年轻的时候，他们的理想，他们这一路是如何成长起来的，他们又是怎么走到了一起，成为彼此此生最重要的伴侣，这些，你都知道吗？了解父母生平大事的同时，也给我们上了一堂以成长为主题的课程。

第97件事：帮爸妈洗内衣裤

大学的时候，我住在八人间的宿舍里面。有人说，一个女人就代表着一只鸭子，因为太吵了。所以，当八个女生待在一起的时候，有多热闹，大概只有亲身经历过的人才会明白。每天晚上熄灯之后，夜话座谈会便正式开始。11点钟熄的灯，大概要到夜里12点钟，才能真正安静下来。

大一的时候，八个人在的时候差不多都很齐，到了大二大三的时候，八人间的寝室最后只剩下四个人，足足少了一半。有些是因为在外实习工作的原因，每天返校的话太不方便，有些则是想要拥有独立的私人空间，所以才搬了出去。

大学时期发生过的一件事情给我留下了深刻的印象。那个时候，很多女生都开始谈恋爱，校园里面出双入对的情侣越来越多。有一天回寝室的时候，发现阳台上突然晒了一条男性内裤，还有一件男人的衣服。

我瞪大了眼睛，在一旁吃惊不已，赶紧找到寝室长，问："寝室里怎么会有男人的衣服呢？"

寝室长说："xx男朋友的衣服，她拿回寝室帮他洗的。"

我看看那条晾在女生寝室的内裤，再看看我们寝室长，不慌不忙的样子，似有所想地在旁"噢"了一声。

寝室长接下来说的一句话让我至今记忆犹新。寝室长说："哎！帮男朋友洗内裤，爸爸妈妈把她们养这么大，恐怕还没有给父母洗过一次内裤吧！回到家，父母还得给她们洗衣服！"

26岁 个体经营户

一事一悟

你有给父母洗内裤的经历吗？长大成人后，回到家中的时候，是父母给你洗衣服，还是你会主动拿起爸爸妈妈的衣服，替她们洗呢？想想在我们小的时候，父母是如何千般呵护、万般照顾地替我们洗衣服，如今，是否是我们回报父母，替父母洗衣服的时候了呢？

第98件事：自己掏钱带着父母出去吃饭

正式工作以后，当领到第一份工资的时候，我的第一个想法便是回家请父母吃饭。

那天，我在银行里面把钱从提款机里全额取了出来。取出来后，坐了一辆出租车，直接奔回了家。

一进门，我就兴奋地把钱重重地放在客厅的桌子上，并大吼着："爸！妈！我领工资了。"在厨房忙活的妈妈，以及在书房里看书的爸爸，一同走了出来。看着桌子上面摆着的钱，二人都一脸疑惑。我忙解释道："这就是我的工资，我准备请你们二老好好地去餐厅吃一顿饭。"

爸爸说："臭小子，吃饭也用不了这么多钱啊！"我忙说："全部取出来，有成就感，晚上妈妈就别忙活了，大家一起出去吃。你们好好想想晚上吃什么，想好了我们就出发。"

妈妈边笑边骂道："你就是不会省钱，刚领了工资就想着怎么花掉。"

我说："不一样的，该省的地方我知道节约的，该花的地方还是要花，特别是对于自己的父母。"

当天晚上，我们三人在一家韩国烤肉店吃的韩国料理。点菜的时候，妈妈看着菜单上面的菜价，犯了难，偷偷冲我和爸爸说："要不咱们还是换一家餐厅吧！你看这上面的菜价多贵啊！"

我赶紧阻止了妈妈的这个想法，接过菜单，心想，既然他们不愿意点单，那还是由我来吧。当天晚上一顿饭吃下来，大概花去了我三分之二的工资，但是我却觉得很满足，因为那是为爸爸妈妈花的。

25 岁 网络开发员

一事一悟

自己掏钱，请爸爸妈妈出去吃顿饭，让妈妈放下手中的锅铲，让爸爸停掉手头上的工作，一家人，安安静静地出去吃一餐，用心品味食物的味道，从中感受父母与子女之间那份浓浓的亲情吧！

第 99 件事：送给爸爸的手机

我有一个特别不好的习惯，就是喜欢手机不离身，所以，每次在家的时候，爸爸都会在一旁骂个不停。

爸爸说："读书的时候，也没见你书不离手。你说你这个小姑娘，当年要是看书拿出一半看手机的这股劲儿，也不至于最后考那么所学校！"

每次我都一脸不屑地反驳道："我学校怎么了，我学校不也挺好的嘛！"

爸爸无奈地说：“好好好，这就叫好了？不思进取的小孩儿。”

每次听见爸爸骂我玩手机的时候，妈妈就会在一旁说：“现在知道骂了？当初这手机不是你给她买的吗？那么多钱，就你舍得为你女儿花！”

说完，爸爸便不再开腔。

其实爸爸骂得是对的，妈妈说得也确实如此。当时，爸爸花了将近三分之二的月工资，给我买的这款手机，那时可是诺基亚的最新款。别说班上，就是在整个学校，也找不出几个在用这款手机的人。

记得爸爸那天特别得意地在晚饭后把手机拿到了我的面前。我兴奋得抱着爸爸，在他身旁转了几圈。那次，妈妈可是把爸爸给痛骂了一顿。

虽然爸爸当年送我的那款手机，早被我放在了书房的抽屉里，没再用过。尽管工作后换了好几款手机，但是，唯独那款手机同我的感情最深。

最近路过数码广场，见很多商家都在做手机打折促销，进去仔细了解了一下，跟平时来买的价格进行比较，确实优惠不少。于是，挑了款适合爸爸的手机，随即付款购机往家奔。想着爸爸一会儿在看到这款手机时候的高兴劲儿，我忍不住一个人在马路上笑了起来。

24岁 会计

一事一悟

给爸爸买一款手机，不因今天是否是父亲节，也不因今天是否是他的生日，只因为你是他女儿，他是你爸爸。